朝日新書
Asahi Shinsho 747

ゆかいな珍名踏切

今尾恵介

朝日新聞出版

まえがき──踏切の名前を訪ねる旅

踏切には名前がある。

開かずの間をイライラ過ごすのではなく、健気に点滅する警報機のお腹のあたりに目を向けてほしい。そこには名前を記した札が掛けられている。それが踏切の名前だ。

私は踏切マニアである。ただし装置としての踏切というよりは、その名称に惹かれて何十年の、いわば「踏切名称マニア」である。

関東の大手私鉄などでは駅名プラス番号という素っ気ないものが主流だが、ＪＲ線（旧国鉄）や地方の私鉄は固有名詞の踏切に満ちている。それらの名前は基本的に地名や街道名が採用されることが多いが、たとえば同じ地名の中に複数の踏切がある場合は小字（こあざ）の地名なども使う必要があって、場合によってはとっくの昔に消えた地名であることもある。

その他に学校や病院などの名前も多いが、戦前の呼び名から変わっていない事例にもよくお目にかかる。中には、「勝負踏切」、「パーマ踏切」、「切られ踏切」など、なぜこんな名前を付けたのか地元の人でもわからない謎に満ちたものもある。

そもそも踏切は「迷惑施設」とされている。平面交差ゆえに電車と自動車、歩行者が衝突する悲惨な事故はだいぶ減ったとはいえ今も後を絶たないし、渋滞の「主犯格」として開かずの踏切が関わっていることは言うまでもない。

そういえば私がかつて小金井市民だった頃、家からほど近い中央線の武蔵小金井駅のすぐ東に小金井街道踏切があった。この踏切は知る人ぞ知る「開かずの踏切の横綱」として勇名を轟かせていたが、ラッシュ時は1時間に1分少々しか開かなかったというから当然であろう。

この横綱踏切は平成22（2010）年に中央線の高架化で姿を消しているが、あの頃の朝の通勤通学時間帯に、むしろこの踏切の前後の道路はガランと空いていた。なぜなら地元の人は「ここには道がない」ことを知っていたからで、ごくまれに他所から来た事情を知らない自動車が待っていたものだ。この先どれほど待つのか、今思えば教えてあげればよかったかもしれない。

さて、法律上も踏切に対する視線は厳しい。道路法第31条には、道路や鉄道の運転回数

88年前の昭和７（1932）年に姿を消した地名にちなむ権現台踏切。現在は西品川一丁目で、湘南新宿ラインの通り道（東海道本線大崎支線）である

が少ない、または地形上やむを得ない場合など例外を除けば「当該交差の方式は、立体交差としなければならない」と明記しているし、「鉄道に関する技術上の基準を定める省令」でも第39条で「鉄道は、道路と平面交差してはならない」と、道路法と同様の但し書きはあるものの、平面交差たる踏切を原則として認めていない。

とはいえ線路を高架化あるいは地下化するのは莫大な費用と時間がかかるし、立体交差せずに踏切を廃止するのも、沿線住民の利便性を損なうので難しい。現状は「やむを得ず当面は目をつぶる」という渋面なスタンスでどうにか認められているわけだが、例外にしては踏切の数はまだまだ多く、高度成長期あたりに比べれば激減したとはいえ、全国の駅の数のざっと3倍以上にあたる3万3098カ所（平成30年度）がまだ現役である。

本書はその踏切に付けられた「名前」に焦点を当てた、おそらく日本で初めての本だ。

膨大な踏切の中から気になった珍しい名前の踏切を選んで実際にそこまで足を運び、鑑賞しつつ地元の人に話を聞いたり図書館などで調べたりして名前の謎を追った。さらに取材に行けなかったけれど気になる名前の踏切を「傑作踏切」として巻末にまとめている。

踏切の名前は、命名された頃から時間が止まっているものが多い。そのため誰も気に留めなくなった「昔」の風景をひっそり今に伝えている。キラキラした格好いい駅名を付けて不動産を売ろうとするような働きかけも踏切には無縁だ。毎日来る日も来る日も地道に安全を守る踏切の、それぞれ意外に個性に満ちた名前を味わってほしい。

知って得する（?）

踏切の種別

第一種踏切　現在では国内ほとんどの踏切がこれで、警報機と遮断機のあるもの。ごく一部に残っている、踏切保安係がマニュアルで開閉するものも含まれている。

第二種踏切　現存しないタイプで、係員が詰めている時間のみ遮断機が操作される踏切。係員不在の時は事実上の第四種踏切となる。昭和60（1985）年には完全になくなったという。

第三種踏切　遮断機はなく、警報機のみが存在する踏切。幅員の狭い道などに設置されてきたが、最近は短い遮断機を設置して第一種に格上げされるものも増えた。

第四種踏切　警報機も遮断機もないもの。「とまれみよ」の札で歩行者や自動車に呼びかけている。激減しているがローカル線にはまだまだ多い。生き残っているのは多くが歩行者のみ対象の小さなものだが、東京都世田谷区の環七通りを横切る東急世田谷線も第四種で、こちらは電車の方が道路の交通信号を守って通行する。

＊本書はニュースサイト・アエラ・ドットの連載「珍名踏切が好き！」（２０１７年5月20日～２０１８年5月26日）に大幅に加筆修正をしたものである。

＊踏切の所在地は複数の市町村・大字にまたがっていることが多く、本書で記した所在地名はそのうち代表的と思われるものとした。踏切名のルビは原則として現地の表示に従ったが、地元の地名とは異なるものも含まれている。

＊図中に「地理院地図」とあるものは、国土地理院がインターネットで提供する地形図。ネット環境で使用されるものであるため「縮尺」は明示されていないが、本書ではおおむね2万5千分の1前後の縮尺で使用し、ページ上の実際の縮尺を記載した。図は国土地理院によって「適宜更新」されているため紙地図のように修正等の年号は明示されていないが、おおむね取材時期近くにダウンロードしたものを使用している。

この地図は、国土地理院長の承認を得て、同院発行の5万分1地形図、2万5千分1地形図及び電子地形図（タイル）を複製したものである。（承認番号　令元情複、第９３４号）

ゆかいな珍名踏切　目次

I　珍名踏切の由来を歩く

II 傑作踏切123選

写真　今尾恵介
大野洋介（237ページ）
（朝日新聞出版写真部）
地図加工　谷口正孝

Ⅰ　珍名踏切の由来を歩く

勝負踏切——いかに勝負しているのか?

「勝負中踏切」の不思議

アエラ・ドット連載にあたって第一回目には「勝負(しょうぶ)」という名の踏切を選んだ。瀬戸内海沿いを神戸から北九州市の門司(もじ)までたどる山陽本線の土山駅(兵庫県加古郡播磨(はりま)町)が最寄りである。神戸から電車で30分少々の郊外であるが、付近の地形図を眺めているうちに旧山陽道を歩きたくなったので、隣の東加古川駅から南下することにした。

降り立ってみるといかにも大都市郊外の駅であるが、駅舎は曲線の輪郭が印象的な新しいものになっていた。駅前を少し南下すれば旧山陽道である。アスファルト舗装された生活道路ながら、板塀や植え込みの多い家並みが旧道らしい落ち着きをたたえていた。独特なゆれのあるカーブが現国道2号とほどよい間隔をとりながら並走している。

駅から2キロばかり歩いた、旧道が線路を斜めに横切る場所に「勝負下」踏切はある。JR西日本の新しいタイプの踏切名標にはルビが振ってあり、「しょうぶした」とある。あっけなく勝負は終わってしまった……。

その数百メートル上り方には「勝負中（しょうぶなか）」踏切がある。手前の線路際には「勝負中」の札がかかった縦長のライトが取り付けてあった。これは「特殊信号発光機」で、非常ボタンが押されるとピカピカ点滅して即行で電車の運転士に異常を知らせる。乗務員用でルビがないので「勝負中」はけっこう迫力がある。万が一これが光っていれば、直ちに電車を

勝負下踏切のプレート

勝負中（しょうぶなか）踏切の近くに置かれた特殊信号発光機

停めねばならない真剣勝負となるのだ。

機械が入ったボックスには「勝負中　33K323M」とあった。この数字は起点・神戸駅の「停車場中心」からの距離であるが、すべて3でないのは惜しい勝負だ。あと10メートル加古川寄りに設置すればぞろ目だったのに……。

勝負中踏切のすぐ近くには勝負公園という小さな児童公園がある。やはり地名かなと近くの家々の表札をいくつか観察したら、1軒だけ「加古川市平岡町土山字勝負」という表記を出していた。他の家は「字勝負」が省略されていたので、これは実に貴重な証拠である。住所を分析すると、平岡町というのが合併する以前の自治体名（平岡村）、次の土山がその中を区分した大字（江戸時代の村）にあたり、字（小字）はさらに細分化した地名だが、地番さえ書けば郵便は届くので最近は「字勝負」を記載する人が少なくなっているのだろう。

ショーブの由来は湧水か

さて勝負という地名であるが、鏡味完二・明克両先生の『地名の語源』（角川小辞典13）を繰ってみると「ショーブ（1）細流、清水（ショーズ〈泉、水車〉とも関連）。（この例が多

勝負中踏切のルビ付きプレート。JR西日本のスタンダード

踏切のすぐ近くにあった勝負公園。地名であることを確信

い）。（2）菖蒲。北海道以外の全国に多い」とある。地名辞典類で見出し語が片仮名なのは、そもそも日本の地名には当て字が非常に多く、漢字で解釈すると間違いやすいからだ。『角川日本地名大辞典』に載っている唯一の「勝負地名」である松江市の勝負谷の説明には「永禄6（1563）年毛利元就が出雲に進攻した時、当地で尼子方の勇将山中鹿介が毛利方の高野監物を討ち取ったという記事がみえる」とあるように、地名の文字に付会した説話は非常に多い。

ためしに国土地理院の「地理院地図」で検索してみると、勝負のつく地名は意外に何カ所もあって、勝負沢が岩手県二戸市、宮城県白石市・富谷市・利府町、福島県会津坂下町・会津美里町・西郷村と多く、勝負田が福島県いわき市、勝負平が埼玉県ときがわ町、勝負谷が鳥取県倉吉市、福岡県飯塚市、勝負尻が同県宮若市などけっこうな数が見つかったが、単に「勝負」というのは宮崎県小林市の谷間だけであった。便利なものでその場所の地形図がすぐ閲覧できるが、なるほど細流のありそうな小さな谷間が大半で、（1）の細流説が納得できるが、踏切の勝負は溜池が点在する播州平野のまん中だ。そうなると菖蒲が咲いていた場所だろうか。平地ではあるが湧水のあったことを示すショーブ説も捨てきれない。

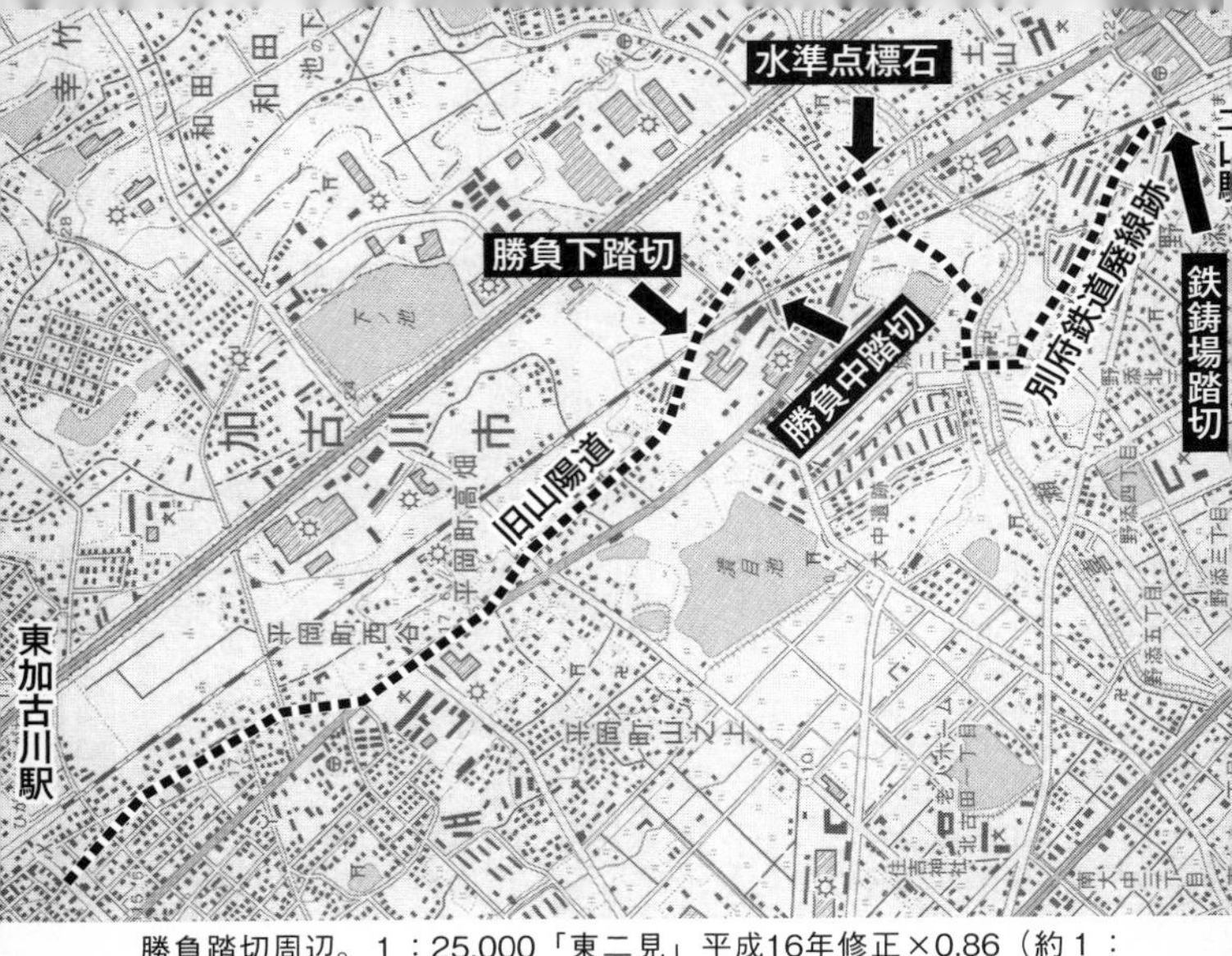

勝負踏切周辺。1：25,000「東二見」平成16年修正×0.86（約1：29,000）に書き込み

勝負公園を後にして土山駅へ向かうが、かつてこのあたりを走っていた別府（べふ）鉄道の廃線跡がどうなっているか気になったので、ここから山陽線の南側へ行ってみることにした。

土山駅前には鉄鋳場踏切——タタラか梵鐘か

圓満寺（えんまんじ）の五重塔の向こう側へ回れば線路跡のはずなのだが、よくあるように遊歩道と化していた。別府鉄道は「昭和の坊ちゃん列車」とでも言うべきクラシックスタイルの車両のまま昭和59（1984）年まで存続していた。もともと海沿いの別府に工場を構えた多木（たき）製肥所（現多木化学）が原料・製品の輸送のために敷設した鉄道である。

遊歩道は土山駅の手前で山陽本線と合流する形で終わるのだが、ホームの手前の大きな踏切がまた変わった名前だった。「鉄鋳場（てっちゅうば）」踏切である。これも勝負のように地名かもしれないが、駅前にあったその類の工場に由来することも考えられる。帰宅後に調べてみたら、駅付近の小字が鉄鋳場または鐘鋳場と称するらしい。そうであれば「てっちゅうば」の読みは怪しい。ネットでこの地名を取り上げた個人サイトに駅前の「自転車等放置禁止区域図」の写真がアップされているが、これには「鐘鋳場」と明記されていた。

このあたりから判断すると、おそらく読みは「かねいば」で、それに鉄鋳場・鐘鋳場の2通りの字が地図や文書に記されたのだろう。小字名に2通り以上の表記があるのは珍しくない。そもそも鉄は伝統的にカネと読むのが当たり前で、どうも伝統的なタタラ製鉄に関連する地名の匂いがする。鐘鋳場の文字からは寺の梵鐘（ぼんしょう）を作るイメージが湧いてしまうが、これは「カネ」という音に影響された作為的な字の変更ではないだろうか。

観光道踏切――観光地がないのになぜ？

堤防の名を付けた異例の駅名

ＪＲ南武線に稲田堤（いなだづつみ）という駅がある。所在地は神奈川県川崎市多摩区菅（すげ）稲田堤一丁目１－１で、駅前には交通量のかなり多い踏切がある。この通りを１６０メートルほど南下すれば南武線に並行する府中街道に至り、北へ行けば５７０メートルで多摩川の堤防。この堤防が駅名の由来となった「稲田堤」だ。

駅前の踏切は「観光道（かんこうどう）」踏切と名付けられている。これといって目立った観光地もないエリアでなぜ「観光道」なのか。駅の南側にある商店街の中で、歴史のありそうな１軒に入り通りの名前を尋ねてみたが、「そうですね……特に名前は聞いたことがありません。まあ商店街通りなんて呼んでますかねえ」と不明瞭な回答だった。名前の付いていない通

JR南武線稲田堤駅の西側にある観光道（かんこうどう）踏切。あまり知られていない往時の「観光地」を今に伝える貴重な「記念碑」だ

りはいくらでもあるが、その昔は観光道と呼んでいたのかもしれない。

観光といえば、稲田堤がかつて花見の名所だったと何かの本で読んだことがある。しかし稲田堤は、そもそも駅名からして異例なのだ。現在でこそ所在地も「菅稲田堤」という町名になっているが、昭和59（1984）年まではあくまでも菅の一部、おそらく2900番地の前後であった。

南武鉄道がこの区間を開業したのは昭和2（1927）年だが、ふつうなら大字や町村名を付けて菅駅とすべきところを、「稲田堤」とズバリ堤防の名を付けたのは、稲田堤が花見の名所として有力な観光地であり、その最寄り駅として乗降客を増やそうとしたからではないだろうか。そこで、『川崎の町名』（日本地名研究所編、平成3年）という本で稲田堤を調べてみると、期待通りのストーリーが載っていた。

日清戦争の戦勝記念にと、明治31（1898）年に当時の橘樹（たちばな）郡稲田村が、村を挙げて多摩川の堤防に250本あまりの桜を植えた。これが「稲田堤」として名が知れ渡るようになり、その評判が広まって王子の飛鳥山や小金井と並び称される桜の名所になったというから話は大きい。これは他の本で読んだ話だが、京王電気軌道（現京王電鉄）が多摩川の砂利を採取するために大正5（1916）年に多摩川原停留場（現京王多摩川駅）まで延伸するや、都心からの観桜客が多摩川の渡し船に乗って、稲田堤に大挙訪れるようになったという。

観光道路と命名

『川崎の町名』によれば、北原白秋は「咲いた咲いたよ稲田のさくら」と詠み込んだ『多摩川音頭』を作詞したという。南武鉄道の開通でさらに観桜客が増えたのか、「昭和六年に川沿いの川原と新田の両集落を併せて稲田堤と改称しました」とある。このあたりの小字は広いので、合併ではなく通称地区名の改称だ。踏切名の核心に触れる次のような記述があった。

南武線（当時は南武鉄道＝引用者注）稲田堤駅から多摩川の堤防へと通じる道にも桜の木が植えられ、観光道路と呼ばれました。

これである。現在この道に桜並木はない。昭和33（1958）年と35年の多摩沿線道路改修のために切られ、その後わずかに残った桜も昭和43（1968）年にはすっかり姿を消したとある。観光道路ではなく肝心の堤の桜も、通行車両の増加で排ガスを日夜浴びせられたことが災いして枯れてしまい、道路改修で切られたというから、飛鳥山や小金井と並び称されたという割には「稲田堤」の末路はかなり寂しい。地元民の愛情も離れていったのだろうか。商店街の人がご存じなかったのも、観光道路という名前で呼ばれなくなってから相当の年月が経ったことを示している。

本書では地元の通称地名にも言及しているが、これによれば川原地区には三軒家（さげや）、中島（なかっちま）、下島（したっちま）の集落があったそうで、稲田方言とでもいうのか、「……っちま」の発音は私の住む旧南多摩郡でも地元の人には馴染みがありそうだ。ここで言う「島」は自然堤防のことで、水に浸かりにくい微高地を指しているのではないだろうか。いずれにせよ大きな川の近くにはよくある地名である。

踏切から10分もかからないので多摩川の堤へ行ってみた。なるほど桜は1本も見当たらず、クルマが結構なスピードで頻繁に走り抜けている。堤防下の植え込みの中には「菅渡船場跡」の石碑があった。裏を見ると昭和48（１９７３）年11月に建てられたとある。戦前の地形図では渡船場の場所は３００メートルほど上流側の菅野戸呂（すげのとろ）の野戸呂稲荷（いなり）神社の道に描かれており、これを「上菅の渡し」と呼んでいた。石碑の東側には「下菅の渡し」があり、昭和10（１９３５）年にこれらを統合し、「菅の渡し」としたのが石碑の場所である。石碑が建てられた年に、多摩川で最後まで続いていたこの渡船場がなくなった。

観光道路を北上した所にかつての渡船場があった。昭和48（1973）年に廃止となったのを記念して建てられた石碑。ちょうどツツジが鮮やか

「第三」だけの天宿踏切

ついでながら、その先の踏切も訪ねてみた。菅の渡船場がなくなる2年前に開通した京王稲田堤駅をくぐって府中街道に出て、再び北へ折れる道が前述の野戸呂稲荷神社への古い道である。これと交差するのが「天宿（てんしゅく） 第三」踏切。第三というからには過去に第一、第二があったに違いない。詳しい地図で見ると、線路の両側が途切れている箇所があり、容易に推測できた。警報機も遮断機もない第四種踏切だったのだろう。

この天宿はすぐ南側に位置する菅天宿公園の名が示すように昔からの小地名（小字ではない）で、戦前の地形図にも載っている。『川崎の町名』によれば、天宿の由来について「牛頭天王（ごずてんのう）を祀る八雲神社＝天王様の近くであるから」など諸説あるらしい。八雲神社は踏切から南西へ500メートルに位置していて、「宿」は天皇（天王）の墓所の番人を意味する守戸（しゅこ）が転じたという説があるそうだが、真偽のほどは確かめようもない。いずれにせよ江戸時代に悪疫流行の時に出番が回ってくる牛頭天王が、当地でも祀られたわけだ。天宿第三はもちろん警報機・遮断機付きであるが狭い道幅の割には抜け道として使われるのか、交通量はなかなか多い。

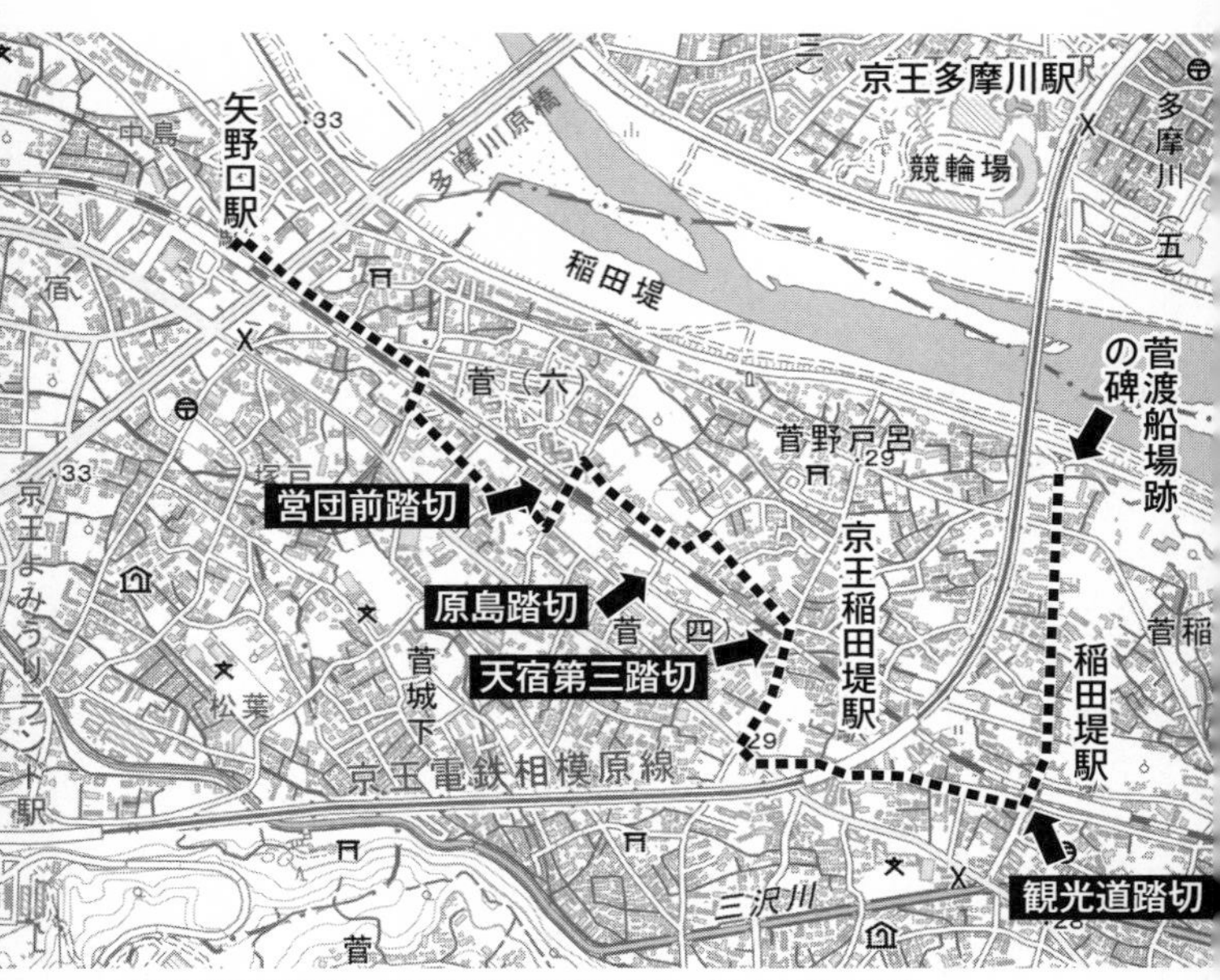

観光道踏切周辺。地理院地図に書き込み（約1：19,900）

その250メートルほど先には「原島」踏切がある。川崎起点21キロ616メートル。ここも狭くて幅員は1・8メートルなので車両は通行止め。「原島」は『川崎の町名』にも載っていないが、どうやら地元の旧家の名字らしい。北海道に鈴木踏切や高橋踏切などの名字踏切が存在することは知られているが、本州にも意外にある。適切な小字などが見当たらない場合、名字になることはそれほど珍しくないのだ。

踏切名というのはある意味「いい加減」が身上であり、ここも直観で命名した雰囲気が感じられる。南武線だけではなく、各線の踏切名の顔ぶれを一覧しても、命名者は絶対に長考していない。もちろん名字が通称地名になることもあるが、通用の範囲が狭いといった理由で『川崎の町名』の調査に漏れた可能性もある。

「最北端」の営団前踏切

この区間で最後に訪れたのが、原島踏切からわずか188メートル先の営団前踏切である。営団といえば30代より上の世代なら東京メトロの旧称である「営団地下鉄」が思い浮かぶだろう。その東京メトロの車庫が実際に川崎市内の田園都市線の鷺沼(さぎぬま)駅近くにあるけれど、そこからは遠く離れている。「前」というから周囲を見渡してみれば、目立つのは川崎市営菅柴間（すげしばま）住宅ぐらいのものだ。『川崎の町名』によれば、この住宅は昭和30（1955）年に建てられたとあるが、目の前の団地は明らかに新しい8階建て。昭和30年代の空中写真を確認してみると平屋の戸建てタイプが写っていた。戦前には同潤会の後身でもある住宅営団という組織が存在して住宅供給事業を行っていたが、しかし戦後にこの住宅が建てられる以前は田んぼだったから、どうも食い違う。ひょっとして市営住宅を作っていた別の「営団」があったのかもしれない。ついでながら、この営団前踏切は神奈川県最北端の踏切である。

馬鹿曲踏切――〝クルクルパー〟の踏切とは？

とりつく島もない命名

三重県の伊勢山中にカーブした単線。旧街道が横切る小さな踏切にいい具合に列車が近づいてくる。紀勢本線のこのあたりは非電化だから撮影の邪魔になる架線柱もなく、曲線で格好のアングルが得られるため、この踏切は隠れた撮影名所だという。私は「撮りテツ」ではないので、そちらはその道の専門家に任せるとして、興味を持ったのがこの踏切の名前である。

馬鹿曲踏切。「ばかまがり」と読むそうだが、一体どんな由来があって、そんなとりつく島もないような命名をしたのだろうか。紀勢本線のカーブが馬鹿な曲がり方をしていると は思えないが（半径300メートルのふつうの曲線）、旧街道をざっと見てもそれほど葛折（つづら）

れの峠道というわけでもなさそうだ。まずは現地へ行ってみよう。

松阪の宿を朝早く出て乗った新宮（しんぐう）行き普通列車はステンレスに橙色の帯（ここはＪＲ東海の領域）を巻いた気動車だった。７時半頃到着した栃原（とちはら）駅前の通りをまっすぐ進めば、すぐに旧街道に出る。この道は国道42号の旧道、熊野街道である。件の踏切はこの旧道が線路と交差する場所に設けられているので、この道を迷わず進めばいい。

熊野古道は世界遺産に登録されたが、地元はその旧道を宣伝するのに力を入れている。各所で案内看板を見かけたが、栃原の集落の中にさっそく「熊野古道・バカ曲り」を示すものがあった。こちらのバカは片仮名表記なので身も蓋もないニュアンスが漂う。細道ではあるが、どことなく歴史の積み重ねを感じさせる道は、自動車もあまり通らないので落ち着いて歩ける。

「バカ曲り」も載っている旧街道の新しい案内標識

途中で水準点の標識を見つけた。この下には標石が設置されている。水準点というのは土地の高さを測るための石（金属標もあり）で、国土地理院が管理する重要な基準点だ。明治以降に主要街道沿いに設置されたもので、そんな経緯から旧道沿いに目立つ。また地形図には必ず表記されているので、現在地の確認にも便利だ。

バカの意味

線路にぴったり沿って少しずつ下り坂を進んでいくと、「バカ曲がり」の案内標識が建てられている。標識はかなり新しいので、設置は熊野古道が世界遺産に登録された後だろうか。次のように由来が記されていた。

バカ曲がり

栃原と神瀬(かみぜ)との境界、不動谷は、宮川にせり出した山々によって作られた深い谷で、そこを通る道は昔からの難所であり、谷間伝いに大曲がりを余儀なくされたことから「バカ曲がり」と呼ばれた。この谷間沿いの道はわりあい平坦であったが寂しい道で、途中に昼間だけの茶屋が一軒店を開いていたという。

その標識の場所から、この旧道よりさらに古い「旧旧道」が分岐して谷へ下っていくのが見える。分岐点には「馬鹿曲入口」と書かれた手作りの木の看板。こちらは漢字表記で送り仮名はない。

そもそも馬鹿とはどんな意味があるのか。改めて手元の『岩波国語辞典』第四版を引いてみると、次のようにある。なお各項目の用例は省略した。

(1)知能の働きが鈍いこと。利口でないこと。また、そういう人。
(2)まじめに取り扱うねうちのない、つまらないこと。また、とんでもないこと。
(3)役立たないこと。きかないこと。
(4)〈「—に」の形で、また接頭語的に〉普通からかけ離れていること。度はずれて。非常に。
(5)「ばか貝」の略。

この地の馬鹿曲がどれに当てはまるかといえば、まっすぐ行けそうなのに迂回を強いられて忌々しいといったニュアンスだろうから、(4)の「かけ離れた・度はずれた」に当てはまりそうだ。

世にも珍しい特殊な踏切

案内標識の傍らには馬鹿曲がりする旧旧道ルートを示した詳細な地図も表示されていたのだが、大きく迂回するハイライト区間は国道42号ができて残念ながら通れず、復元された旧道はその「バカな迂回」をショートカットしている。この先、新宮までは道路標識によれば142キロだそうだが、山あり谷ありでその距離は実質倍くらいの感覚だったのではないだろうか。

自動車のほとんど来ない、またこの雨なので人とはまったく会わない山の旧道を線路に沿って歩いて行くと、〝クルクルパー〟が立っていた。誤解しないでほしいのだが、これは特別な鉄道信号機の通称で、正式名称は「特殊信号発光機」という。踏切内で自動車が動かなくなったなどの緊急時に、環状に5つ配置された赤ランプがクルクル回転して列車の運転士に異常を知らせるものだ。5つのランプの下には踏切名の「馬鹿曲」を記した札が掛かっているから、「馬鹿曲のクルクルパー」という出来すぎの信号機になってしまっている。

ほどなくその馬鹿曲踏切に到着した。霧の立ちこめる山中の静かな場所ではあるが、雨に濡れつつ踏切の写真を撮っているのは何やら馬鹿らしくて、この場所には相応しいかもしれない。この行為は特に「度はずれている」わけでもないから、『岩波国語辞典』的に言えば（2）「まじめに取り扱うねうちのない、つまらないこと」（3）「役立たないこと」あたりだろうか。

川添（かわぞえ）駅には上りの多気（たき）行き普通列車が来る2分前になんとかたどり着くことができた。強い降りだったので傘はあまり役に立たず、膝から下と靴の中は完全浸水であったが、思

馬鹿曲の「クルクルパー」こと特殊信号発光機。踏切での有事を知らせる大切な存在

馬鹿曲踏切の「証拠品」

馬鹿曲踏切周辺。地理院地図に書き込み（約1：22,400）

えば鉄道も自動車もない時代には、そんな雨の日も旅人はひたすら1歩ずつ黙々と進んで行ったはずだ。これまで歩いた1駅間をわずか6分で走破してしまう普通列車に乗りながらそんなことを思う。私のご先祖様がここを歩いたかどうかは知る由もないが、馬鹿曲の迂回路に恨み節を唱えつつも熊野詣でを遂げたありがたさは、現代人の思いも及ばぬものだったに違いない。

壺焼踏切・茶碗焼踏切・瓦焼踏切——ひたすら焼き物

なぜ焼き物の名前が集中しているのか？

九州新幹線が開通した時に、八代（やつしろ）駅から南、川内（せんだい）駅までの116・9キロ（博多〜鹿児島間の3分の1強の距離）が第三セクターの「肥薩おれんじ鉄道」に移管された。例によって新幹線の開業による並行在来線の切り離しである。最近では「おれんじ食堂」という、地方の私鉄できわめて珍しい食堂車のデビューで話題になったが、実はこの鉄道の線路に、焼き物に関する踏切が3つあるのをご存じだろうか。

壺焼踏切、茶碗焼踏切、そして瓦焼踏切である。しかも八代の次の駅である肥後高田（こうだ）駅付近に集中している。背景には何があるのだろうか。少し調べてみる限り地名ではない。

ずいぶん久しぶりに八代駅に降り立った。前回は新大阪から寝台特急「なは」での来訪

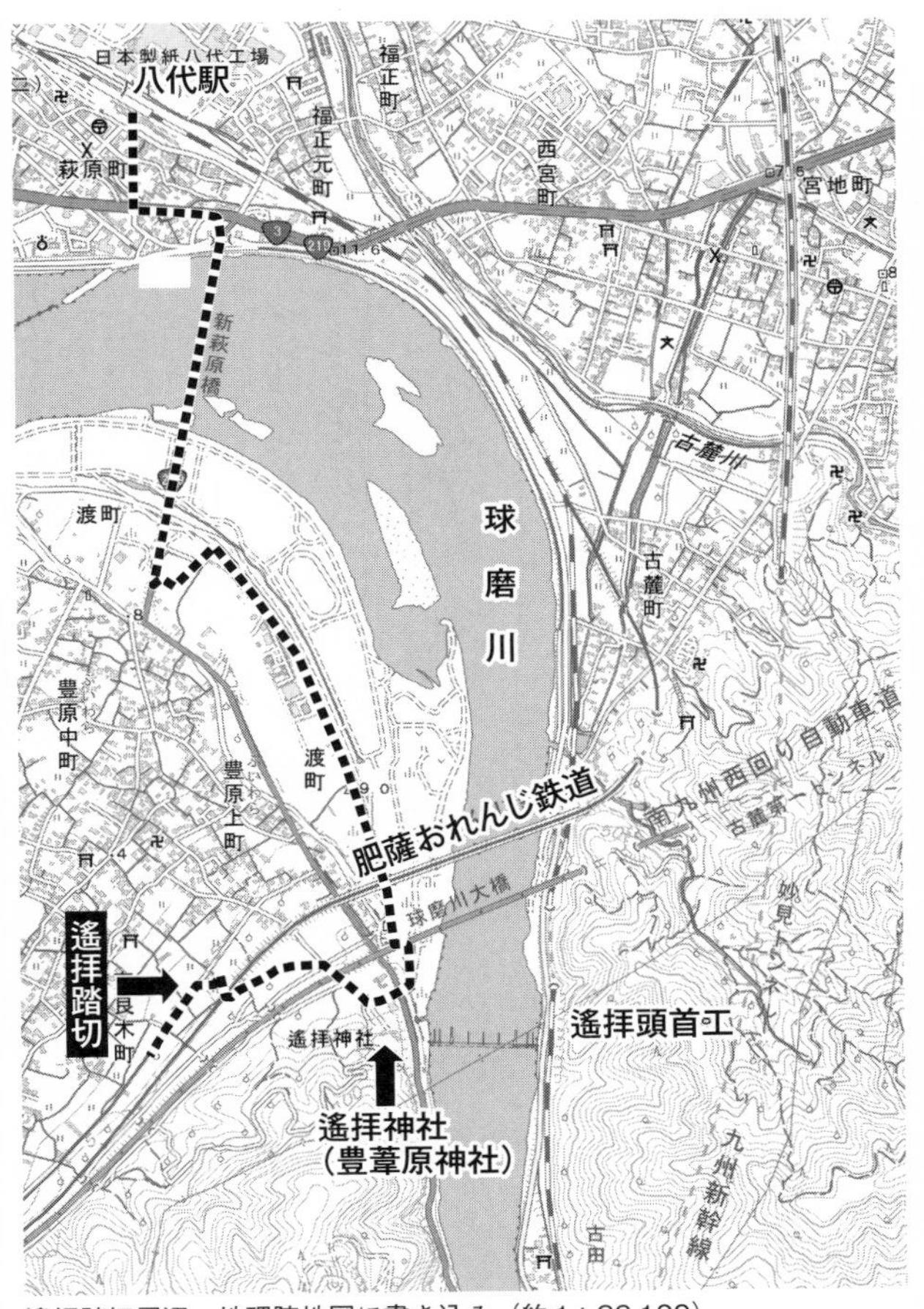

遙拝踏切周辺。地理院地図に書き込み（約1：26,100）

だった。この規模の街としては珍しい瓦葺きの木造駅舎なのだが、新幹線が新八代駅を通るようになって乗降客はだいぶ減ったらしい。それでも駅のすぐ裏手に紅白の煙突が聳えている風景は変わらない。もくもくと白煙（湯気）を上げているのは、大正13（1924）年の九州製紙時代からずっと操業を続けている日本製紙八代工場だ。

駅からすぐ南側には球磨川（くまがわ）が滔々と流れている。川幅はなかなか広い。お目当ての3踏切のうち、最も手前にある壺焼踏切は肥後高田駅が最寄りだが、球磨川に架かる鉄道橋を外から眺めたかったので、歩いて行くことにした。人吉へ向かう国道219号の新萩原橋で球磨川を渡る。この一帯は難読地名の豊原（ぶいわら）である。景行（けいこう）天皇が不知火（しらぬい）に導かれてここに着いた由緒ある土地だという。

赤く塗られた4連の曲弦ワーレントラスを遠望するうち、たった1両編成の下り列車がそこを軽快に走り抜けて行った。かつてはここを東京からの寝台特急「はやぶさ」をはじめ、「つばめ」など各種の特急や急行が行き交っていたが、新幹線が通った今では先ほどのような1両か、せいぜい通学時間帯に2両編成になる程度が標準だ。

鹿児島本線時代のままの壺焼踏切

この鉄橋を渡った線路に設けられているのが遙拝(ようはい)踏切である。一見不思議な名称ではあるが、すぐ近くの遙拝神社に至る参道だ。踏切名は「無口」であまり親切には説明してくれないのだが、その素っ気なさがまた魅力である。

遙拝神社は正式名称を豊葦原(とよあしはら)神社と称し、遙拝頭首工(とうしゅこう)（＝取水施設）の鎮守として創建された。珍しい名の頭首工は、南北朝時代に高田(こうだ)御所に滞在していた南朝の懐良(かねなが)親王が、遠い吉野を遙拝したことに由来するという。後に加藤清正がこれを改良し、八代平野の灌漑用水の取り入れ口として重要な役割を果たすようになった。

しばらく線路と用水に沿って歩くと、壺焼踏切のあたりにたどり着いた。線路を渡るのは自動車が通れない細道で、警報機も遮断機もない第四種踏切。首都圏ではとんと見かけなくなった「とまれみよ」が懐かしい。しかし肝心の踏切名が見当たらないではないか。手元の資料によれば確実にこの場所のはずだが、証拠写真が撮れないと困る。よくよく見たら「とまれみよ」の裏側に「壺焼　238K067M」という手書き文字があった。だいぶ錆びた鉄板であるが、字の部分だけ錆が薄いので読み取れた。

238K云々は鹿児島本線時代の起点である門司港駅（北九州市門司区）の停車場中心を0とした距離だ。これは線路脇に点々と設置された距離標に連動しており、踏切だけでなく

壺焼踏切は第四種でクルマは通れない

「とまれみよ」のプレートの裏にあった壺焼踏切の文字

停車場、橋梁などすべての施設の位置情報の基本である。今ではこの鉄道の起点は八代駅だが、全部書き直すのは大変だから以前のものを流用しているのだろう。踏切名も同じだが、古いままで困ることなどない。壺焼踏切を渡った道は高速道路をくぐって山へ入って行くようだが、１日にいったい何人がここを通るのだろうか。

　線路脇の道へ戻って少し進むと「土石流危険渓流」の立て看板があり、そこに壺焼谷川

茶碗焼踏切を通過する肥薩おれんじ鉄道の気動車。線路は電化されている

の名があった。文字通りに解釈すれば壺を焼いていた谷なのだろうが、現在の地形図で見る限り、上流に家屋はない。

ほどなく肥後高田駅。駅前の道を南西へ進むと、間もなく国道3号（薩摩街道）が合流してきた。これを少し歩いて線路の方へ入ればほどなく茶碗焼踏切に着いた。機械が入っているボックスは「茶碗焼」なのに、故障を発見した人への通知プレートには「茶椀焼」とあった。ご飯を盛るのは茶〝碗〟で味噌汁はお〝椀〟。同じワンでも材質によって使い分けるのだが、それを意識していない人は多く、この手の間違いは珍しくない。

線路を渡って先へ行くと、また「土石流

危険渓流」の札があり、茶碗焼川とあった。こちらは石偏である。高速道路の高架をくぐると、古くからと覚しき家並みがあった。落ち着いた板壁と本瓦の色、それに漆喰のバランスが美しい。ちょうど庭仕事をされていたご婦人にうかがってみると、まさにこの地区は茶碗焼と通称されているという。

この地区の家は明治に入るまで細川藩御用の窯で、廃藩置県までここで陶器を作っていたとのこと。裏手には登り窯の跡も保存されている。窯は明治以降に日奈久（ひなぐ）の方へ移ったそうだ。偶然にお会いしてこれほど貴重な話が聴けるとは、私もかなり運が良い。細川氏が豊前から転封になった際に、殿様に従って肥後で窯を開いたのが、どうやら先ほどの壺焼踏切のあたりらしい。しかしこの先の「瓦焼」の方はご存じでなかった。

朝鮮出兵の時代から今に伝わる窯

集落の道を上がっていくと、案内いただいた通り「高田（こうだ）焼平山窯跡」の標柱があり、説明板が置かれていた。残念ながら掲げられているのが手の届かない高い場所で、しかも若葉で隠れてあまり読めないので、帰宅して「八代市文化情報発信」という市役所のページを見ると、次のような説明があった。県指定の記念物・史跡である。

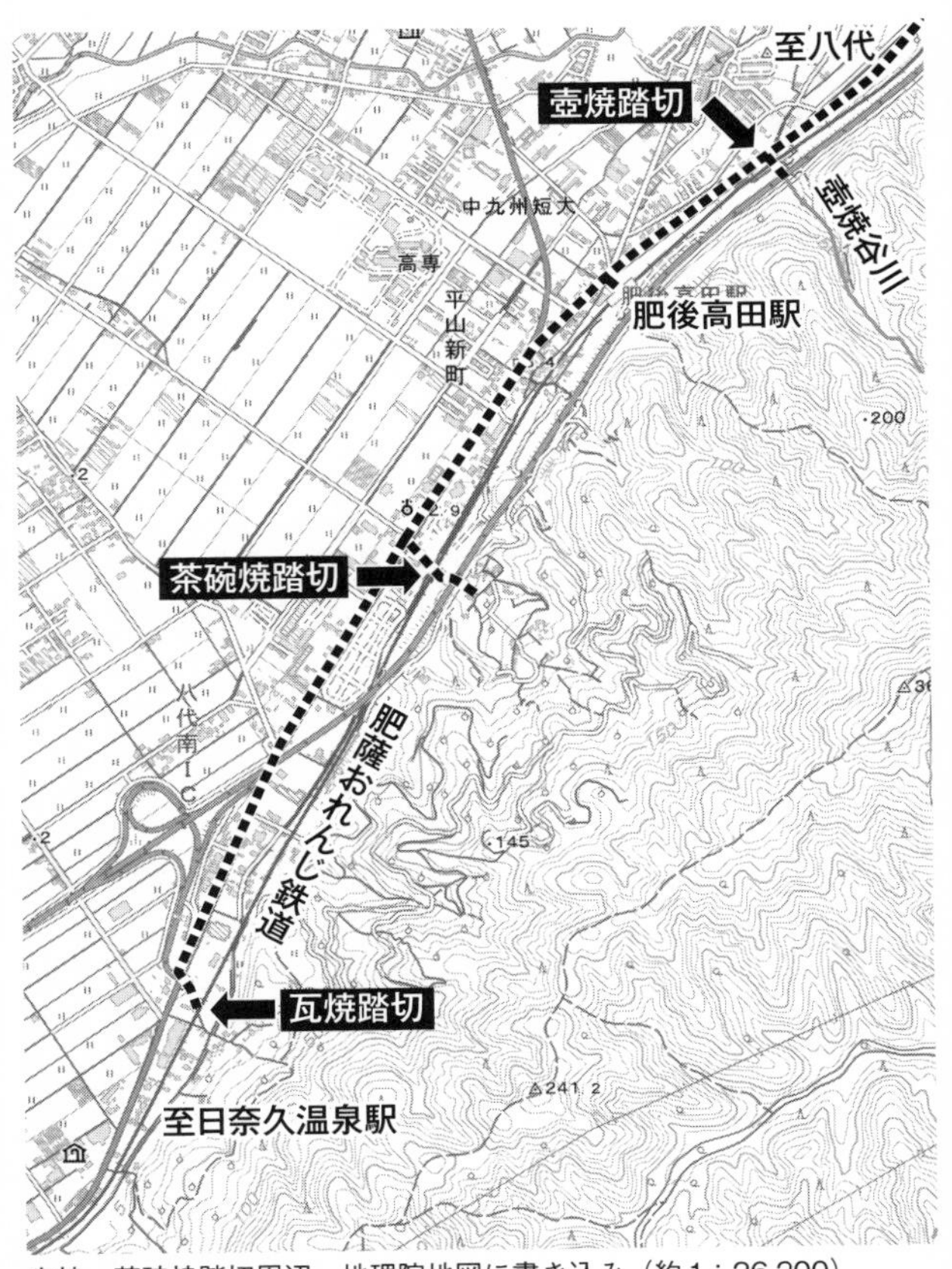

壺焼・茶碗焼踏切周辺。地理院地図に書き込み（約1：26,200）

高田焼は八代焼、平山焼とも呼ばれ、南関の小代焼とともに肥後の代表的な近世陶器です。八代焼は、朝鮮半島から渡来し、豊前の上野焼の祖として知られる陶工尊楷（上野喜蔵）が細川氏に招かれ、寛永9（1632）年、高田の木下谷に奈良木窯を築いたことに始まります。

万治元（1658）年、喜蔵の長男（忠兵衛）、次男（徳兵衛）は平山に窯を移し、平山窯を築きました。平山窯は斜面に築かれた登窯で、全長約20m、8室の焼成室と焚口とからなっています。県内では、最も遺存状態の良い近世陶磁器窯跡の一つです。

焼き物の祖は朝鮮から加藤清正に従って来日、その後わざわざ本国に帰って高麗青磁の技法を会得して再来日したのだという。もちろん秀吉の朝鮮出兵時代ではあるけれど、巷間伝えられるような「ムリヤリ引っ張って来た」イメージとは違うのだろう。連れてこられた陶工は多く、技量も性格も、仕える殿様との相性もそれぞれであっただろうから、彼らの人生を乱暴にひとくくりにはできない。

日奈久にある現在の上野窯と、八代市立博物館に後日電話で問い合わせた、豊前の福智山の麓にあった上野（福岡県田川郡福智町）から移ってきた上野喜蔵さんとその家族が最初に窯を設けた木下谷（きくだしだに）は、やはり先ほど通った壺焼踏切の奥あたりだったという。そこを指して住民が「壺焼谷」と呼んだのではないかという。そして後年に先ほど訪ねた通称「茶碗焼」地区に移っている。

ただし瓦焼踏切についてはわからないという。瓦は屋根全体を覆うので茶碗よりはるかに多くの土を使い、需要が多い。しかも窯は簡単な作りだというから各地で作った。それで特定ができないのではないだろうか。

壺焼から瓦焼まで歩いたその日の夕方、日奈久の旧薩摩街道をたどってみた。街中の道沿いに「上野窯」があり、そのウィンドウに陳列された器は独特な温かみのあるグレーにすっきりと白い象嵌が施された文様が印象的で、気品に満ちている。

朝鮮からはるばる来た陶工をルーツとする一族が、肥後に移って初めて設けた由緒ある登り窯。それを記念するものが、今や錆びた文字にかろうじて読める「壺焼」の踏切プレートだけだとすれば少し寂しい気もするが、踏切をあえて別の名称に変えなかった鉄道会社の施設担当者の見識も見え隠れする、などと言ったら褒め過ぎだろうか。

旭ガラス踏切・日石踏切──会社名踏切の愉しみ

まずは旭ガラス踏切

戦前から日本の近代工業をリードしてきた京浜工業地帯。その心臓部で昔から活躍してきたのがＪＲ鶴見線である。この鉄道はそれら工場群に出入りする原料や製品を運び、従業員たちが職場へ行き来するための私鉄・鶴見臨港鉄道として建設された。このため必然的に踏切には会社名が目立つ。

鶴見駅から数えて最初の「会社名踏切」は、３つ目の弁天橋駅の手前にある。首都圏にこんなにかわいらしい木造駅舎が残っていたかと驚くほどの存在だが、周囲の工場群と意外にマッチしている。名前は旭ガラス踏切。正式な会社名は「旭硝子株式会社」（平成30年７月にＡＧＣに社名変更）であるが、踏切名の命名はけっこういい加減で、それがまた

旭ガラス踏切。会社名の旭硝子とは表記が異なるが、いずれにせよ渡れば同社の正門を入る

〝良い加減〟であったりする。踏切を渡ってすぐが同社京浜工場の守衛所で、一般人は勝手に中に入れない。

線路伝いに次の浅野駅へ向かいたいところだが、工場敷地を通れないので北側の産業道路をぐるりと迂回する。浅野駅で分岐する海芝浦支線は、東芝京浜事業所の巨大な工場の敷地へ入っていく路線で、同社の従業員専用線のようなものである。

終点の海芝浦は改札イコール会社の入り口で、部外者が改札を出られない駅として有名だ。今では頻繁に訪れるマニアのために、東芝が好意でミニ公園を設け、そこで一服して折り返し電車に乗るのが愛好家たちの行動様式となっている。

歩いて終点を目指したいところだが、浅野駅を出てすぐの末広第二踏切に掲げられた「この道路は東芝の私有地です。一般車の立入及び不法駐車、駐輪を禁止します」云々の文言を読めば止まらざるを得ない。踏切名となった末広町は東芝の工場を含む一帯で、町名は大正期に埋め立て事業を行った鶴見埋立組合の社長・浅野総一郎の家紋「末広」にちなんだものだという。ちなみに浅野駅も浅野氏の名字が由来。ついでながら、鶴見線の終点である扇町という駅名も末広の扇の家紋が由来である。

朝鮮戦争との関係も？

次の安善(あんぜん)駅も線路伝いには行けず、北側を迂回した。小さな運河を渡って線路際の東芝GEタービンサービス（電力用タービンの補修業務）の工場をかわして南下、安善駅前に出る。安善とは実業家・安田善次郎(やすだぜんじろう)の省略形で、駅手前の踏切は「安善通り」踏切である。実は昭和18（1943）年に鶴見線として国有化するまで、安善駅は安善通駅という名称だった。つまり、ひそかに過去の駅名を名乗る踏切なのだ。

安善駅からは構内側線が南下している。その先に、かつては浜安善という貨物駅が存在したが、昭和61（1986）年に廃駅となり、線路だけが残った。付近には米軍の油槽所があって、横田基地のジェット燃料などを今でもここから運んでいる。訪れた時も安善駅の側線には青緑色のタンク車を11両ほど繋いだ列車が停まっていた。米軍油槽所の東隣は今も昭和シェル石油だから、安善駅の少し先の運河を渡った先は「石油島」と呼びたくなるほど石油関連施設に満ちている。

安善駅の側線で出発を待つ石油タンク車。横田基地のジェット燃料がこれで運ばれる

この構内側線は国有化以前の鶴見臨港鉄道時代には「石油支線」と呼ばれ、浜安善駅も「石油駅」と称していた。旅客列車も昭和5（1930）年から同13年までの8年間ながら走っていたので、「次は〜石油、石油、終点でございます」なんていうアナウンスが毎日繰り返されていたのだろう。

解せないのは、米軍油槽所のゲートのまん前が「日石踏切」であったこと。よく見るとNAVSUP（横須賀米海軍補給センター）の小さな看板が掛かっている。横浜市基地対策課のHPによれば、この

「鶴見貯油施設」は昭和27（1952）年11月21日に「民間の石油会社の施設が米軍に提供された」となっている。

手元にあった同23年修正の1万分の1地形図「安善町」を確認すると、エリアⅠ（南側）が「日本石油会社製油場」、エリアⅡ（北側）が「日本石油会社貯油所」になっていた。エリアⅡにある「日石踏切」は、昭和27年までの施設を名乗り続けているのだが、「提供」時期はまさに朝鮮戦争の最中なので、その戦況と深く関係しているのかもしれない。

貨物支線や専用線が何を運ぶかは、時代背景によって当然ながら変わっていく。ここ「石油島」の貨物はもちろん石油が中心であるが、戦勝国アメリカが日本を武装解除してわずか数年で国際情勢は変わり、今度は日本を「防共の砦」として活用していく戦略に転換が行われた。踏切もそれに翻弄されながら、その名前が変わらなかった理由は、「朝鮮戦争中にとりあえず貸しただけ」だったからなのか。

日本鋳造踏切・日本道路踏切——近代工業の歴史を語る

踏切名を社名とともに変更！

京浜工業地帯の心臓部を走る鶴見線は、戦争中に国有化されるまで鶴見臨港鉄道という私鉄であった。安善駅（当時は安善通駅）からは、その名も「石油支線」が分岐しており、今もその線路は米軍のジェット燃料の輸送に用いられており、それらしい踏切名もある。

鶴見線の安善駅から南へ分岐した線路脇には米軍の油槽所があり、その40メートルほど南側の踏切に東亜建設踏切の名が付いている。地図で確認すると、なるほど道の東には東亜鉄工、東亜ビルテックなどの関連会社が並んでいた。線路にぴったり並行する道路を進み、運河を渡ると間もなく東へ向かう幅広い道路にあるのは「ニヤクコーポレーション専用踏切」だ。同社ＨＰで調べてみると、昭和23（１９４８）年に株式会社国鉄石油荷扱社が設立され、その年に石油荷役株式会社に社名変更している。さらにカタカナに社名変更したのは平成3（1991）年のことだから、踏切名の変更は意外にマメである。

さらに先へ行ってみると安善町2丁目バス停の向こうに、遮断機のない踏切があった。これだけの広い道で警報機・遮断機ともにない第四種踏切は珍しいが、懐かしい「とまれ

戦前はその名も石油駅を称した旧浜安善駅付近。踏切の先に見えるゲートは米軍の油槽所

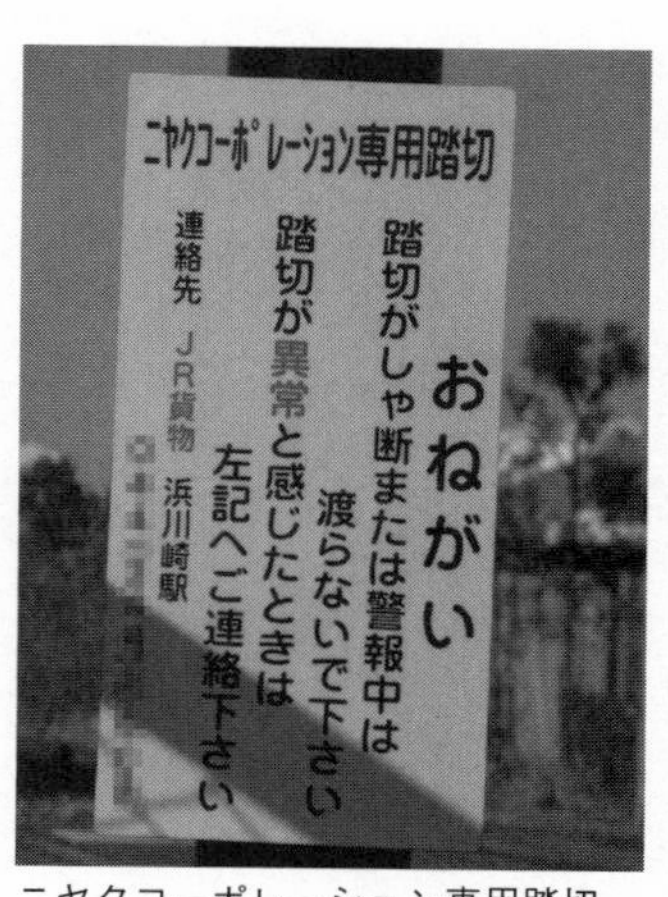

ニヤクコーポレーション専用踏切。JR貨物は沿線の社名変更に敏感？

みよ」の表示がある。米軍の油槽所へ入る線路が道路を斜めに渡っている日石カルテックス踏切だ。

すぐ先には横浜市営バスの安善町終点バス停と折返所がある。一帯は石油関連施設ばかりで、昼過ぎに利用する人は少なく自動車もあまり通らないから、ある意味での「最果て感」が漂う。油槽所の入り口は両開きのフェンス扉になっていて「RAIL GATE NO.1」の表示。そのあたりの建物は戦前の鉄筋コンクリート風なので、おそらく戦後に油槽所まるごと接収されたのだろう。手元にある昭和43(1968)年発行の市街地図(塔文社)には「米軍接収地」とずいぶん露骨な表現になっている。同57(1982)年の昭文社の川崎市街図では「米軍横浜石油置場」だ。踏切を渡らず直進する線路はほどなく車止めがあるが、少し前の地図だとレールは「石油島」の南端まで伸びていたらしい。少し前まで浜安善駅舎(戦前の石油駅舎だろうか)もあったという。ちょうど折り返した鶴見駅行きのバスが来たので、安善駅まで乗ることにしよう。

古さと新しさが共存する工業地帯

バスを降りると次の武蔵白石(しらいし)駅までは再び歩いた。線路北側の寛政町は、宝暦14(17

64）年から海岸部に開発された新田で、寛政元（1789）年から年貢が取り立てられたために寛政耕地と呼ばれたことに由来する。

小さな運河を渡れば川崎市で、ほどなく武蔵白石駅が見えてきた。所在地の白石町は、日本鋼管の創立者である白石元治郎が由来。駅名は宮城県の東北本線白石駅と区別するために武蔵を冠している。

武蔵白石駅のホームの脇からは、ひと駅だけの大川支線が南下している。以前は分岐地点の急カーブ上に支線専用のホームがあったのだが、新しく導入する大型車が通ると車両の縁をこすってしまうため、それを機にホームを廃止した。分岐した支線の最初の踏切は、線路西側の大工場の正門に設けられた日本鋳造踏切。やはり渡った向こう側は守衛所と「関係者以外立入禁止」の看板がある。さすが大工場で踏切の幅員が15・1メートルもあるため、遮断機も棒（遮断桿）ではなく、長方形の黄色い板がワイヤーと一緒に降りてくる昔の大通りタイプだ。

線路に沿って少し南下すると、今度は日本道路踏切。プレートは意外に新しい。日本道路株式会社は消費者の知名度はそれほど高くないが、道路舗装の分野では大手である。ところが手前に見える真新しいビルには「ＭＣＵＤロジスティクス」の看板。三菱商事都市開発（MCUD）の物流施設で、平成29（2017）年1月に完成したばかりだ。今後は踏切もこの会社名に合わせて変わるのだろうか。

その先は運河を渡る。線路の方はシンプルに「第五橋梁」という名前で、橋桁は大正15（1926）年以来のものらしい。錆も目立つが、南端近い橋桁（ガーダー）の一部に点々と穴が開いているのはそのせいではなく、戦争中の米軍機による機銃掃射の痕跡だという。

昭和電工踏切は列車もなく幾星霜

ほどなく大川支線の終点・大川駅のホームが見えてきた。線路には草が茂り放題で、半ば廃線の雰囲気さえ漂う。昼間なので列車を待つ人もいないホームのすぐ手前が日本ガラス踏切だ。平成8（1996）年の地図には日本硝子川崎工場と記載があるから比較的最近になって移転したのだろう。ホームのすぐ裏手は三菱化工機の川崎製作所である。

無人のプラットホームを横目に構内踏切を渡るが、この先の線路は日清製粉の工場に続いているものの、レールは草の中で、もちろん貨車も今は通らないので構内踏切は死んでいる。東側へ回ると昭和電工の工場の入り口があった。こちらにも踏切があったが、自動車が通過する廃レール部分だけがタイヤに磨かれて光っている。それでも「とまれみよ」

昭和電工踏切跡（？）。いつから列車が通らなくなったのか。「とまれみよ」はそれでも健在

は健在で、ここが「ＪＲ貨物　昭和電工踏切」という名称であることはプレートからわかった。

思えば日本の鉄道貨物輸送は昭和45（1970）年頃に輸送量のピークを迎えている。輸送量急増を受けて外環道の鉄道版たる武蔵野線の整備を進め、最新式の操車場を設けるなど近代化に努力したことは確かであるが、その一方で高速道路網をはじめとする道路環境の充実でトラックの輸送分担率がみるみる高まっていった。

残念なのは、鉄道貨物が生き残るかどうかのターニングポイントの時代に「順法（遵法）闘争」というスローガンの下でストライキを頻発させたため、荷主の鉄道離れが加速したことだ。それでも昨今はトラックの運転手不足や地球温暖化防止など、世界的に見れば鉄道貨物への追い風は吹いている。今後の日本の鉄道貨物がどんな展開を見せるか注目

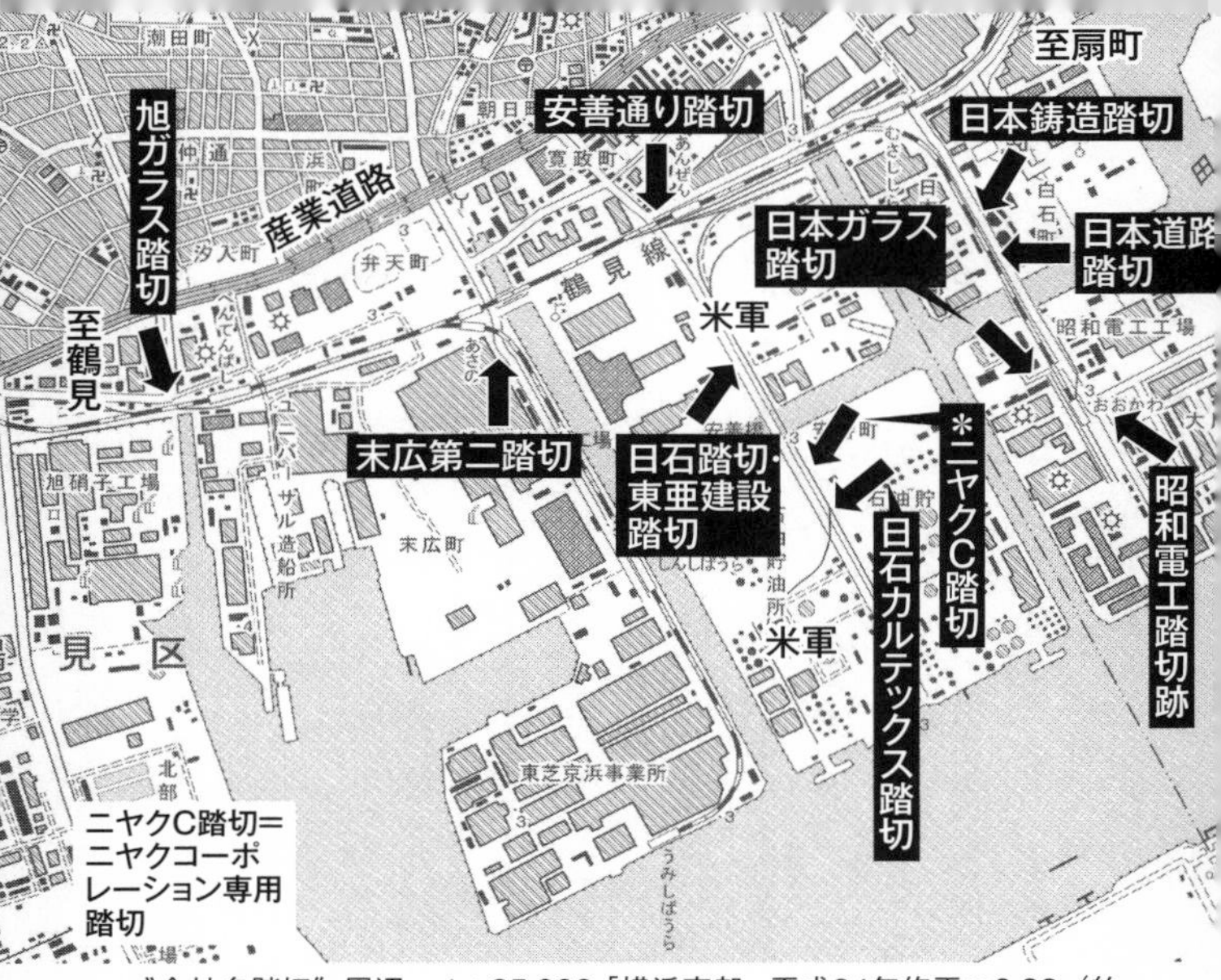

〝会社名踏切〟周辺。1：25,000「横浜東部」平成24年修正×0.89（約1：28,100）に書き込み

していきたいが、そんな大状況の中で大川支線の踏切名はどう変化していくだろうか。

共栄館踏切──終戦直後のノスタルジー

かつて何が存在していたのか?

飯山(いいやま)線は、長野駅から信越本線改め「しなの鉄道北しなの線」で3つ目の豊野(とよの)駅が起点である。そこから千曲川・信濃川に沿って下り、戸狩野沢(とがりのざわ)温泉、津南(つなん)、十日町などを経て上越線の越後川口駅までの96・7キロを結ぶJR線だ。長野から飯山へは普通列車で約45分の道のりだが、北陸新幹線が開業してわずか11分と革命的に短縮された。その代わり飯山線の飯山駅は新幹線の開業に合わせて前年に南側へ移転している。その次の北飯山駅から歩いて数分のところにあるのが、今回の目的地・共栄館踏切だ。

建物の名称が詳しく載っている市街地図でもそういった名称の施設(?)は見当たらなかった。かつて何が存在したのかをつきとめるのは、珍名踏切マニアのつとめである。

地図にも載っていない建物

北飯山駅は旧市街の北にあり、最近になって新しい駅舎に建て替えられた。正面は下見板張りの壁と漆喰風の壁に黒い柱というハーフティンバー様式で落ち着いた佇まいである。駅のすぐ北側の踏切は「関の湯踏切」という名称だが、どんな由来なのだろうか。ひょっとして消えた銭湯の名前だろうかなどと想像は膨らむ一方だが、周囲に人がいないのでそのまま通り過ぎることに。

飯山は上杉謙信の時代に城が築かれ、江戸期には本多氏2万石の城下町として発達した。千曲川に面しているため、その水運と越後高田（上越市）方面への陸路の結節点となり、明治に入ると下水内（しもみのち）郡役所も置かれ、地方の中心として発展していく。

特筆すべきなのがスキー板の製造業で、オーストリアのレルヒ少佐で知られる第十三師団が山を越えた高田に置かれていた影響で、明治45（1912）年にはここ飯山に日本初となる小賀坂（おがさか）スキー製作所が設立された。創業者の小賀坂濱太郎は家具職人だったという。同社は今も長野市でスキー板、スノーボードの製造を続けている。

北飯山駅から踏切を見ながら矩形街区をジグザグにたどると、田町（たまち）、弓町（ゆみちょう）と古くからの

狭い幅員の共栄館踏切。かつては自動車も通れたそうだが…

城下町を名乗る地名が踏切に採用されていて嬉しい。しかし、その次の共栄館踏切の「共栄館」だけは、大きな縮尺で店の名前もわかるような詳しい市街地図にも載っていないため、謎めいている。

実際に現地へ行ってみると、狭い幅員で自動車は通れない。警報機はあるが遮断機はないので「とまれ!!　右みて左みて」という飯山小学校ＰＴＡによる札が建てられている。西から東へ踏切を渡ってみると、田町区長の名で「通行止めのお知らせ」が掲示されていた。一部が剥がれかけているので読みにくいが、要するに冬期間は除雪のため通行止めとのことである。

ＪＲ東日本に限らず、鉄道各社は安全面から踏切を減らそうと努めているが、地元住民の利便性との兼ね合いでなかなか廃止に「踏切」れない箇所が多い。足元が覚束なくなっ

共栄館踏切周辺。1：25,000「飯山」平成23年修正×0.87（約1：28,600）に書き込み

たあの爺さんを遠回りさせるのはしのびない。それに廃止が進むことで、踏切でない所を渡る「勝手踏切」が増えてさらに危険性が増すおそれもある。

終戦後の幸せを噛みしめて命名

踏切のすぐ近くの電柱にもNTTの「共栄館支」の札が貼り付けてあるので、やはり何か目印になるような建物があったに違いない。踏切から80メートルほどで旧飯山街道に出るのだが、その角でプランターに水やりしていた男性に共栄館について聞いてみた。すると人選がぴったりだったようで、終戦直後にみんなで出資して作った映画館の名が「共栄館」だったと教えてくれた。戦争がようやく終わって、心おきなく映画が見られるようになった時代の幸せを噛みしめての開業だったのだろう。

場所はまさに踏切のすぐ東側で、赤いトタン板に覆われた建物が今も残っている。今は別の会社の事務所か何かに使われているが、小ぶりながら、なるほどそう言われれば映画館に見えなくもない。思えば少し前までは、ちょっとした町なら必ず映画館があったものだが、平成に入る頃から急速に減って、今ではショッピングセンター併設のシネコンのようなものばかり増えている。

この男性は通りに面した赤のれん用品店の社長・我妻英雄さん。昭和7（1932）年のお生まれで85歳（取材当時）というがまだまだお元気だ。

いろいろとお話ししているうち、我妻さんが管理している教会を見学しないかと誘われた。突然訪れた私のためにわざわざお店を閉め、「教会にいます」と札を掲げて颯爽と自転車に乗る。早足でついて行くと、すぐ目と鼻の先に木造のモダンな建築の教会があった。日本聖公会の飯山復活教会で、木立に囲まれて実に落ち着いたいい雰囲気を醸し出している。優れた建築は周囲に気品を与えるということを実感した。

踏切を訪ねてみたら、商店街のみんなの熱意がひとつになった共栄館の話をうかがうことができ、さらに歴代の信者さんたちの思いにより連綿と守り続けられてきた教会を拝むこともできた。教会でいただいたお手製ラズベリー・ジャムを味わいつつ、「過去への道標」となった踏切の奥深さを改めて感じた次第である。

パーマ踏切――踏切がオシャレ?

千曲川をたどりつつパーマ踏切へ

長野駅から飯山線で約25分、千曲川に近い上今井(かみいまい)駅の少し南側に「パーマ踏切」はある。近くに美容院があるのかと、ネットの地図で最大限に拡大してみたが載っておらず、真相は謎だ。取材の前にはあまりやりたくはないのだが、グーグルのストリートビューも盗み見たところ、それらしき店は見当たらない。やはり現地へ行ってみなければ……。

長野駅から乗ったキハ110系のディーゼルカーは、昔のような派手なエンジン音や石油臭を感じさせないスマートなもので、軽やかに走る。豊野駅を出て千曲川を右手に進むが、このあたりは川幅が狭く、深い色をした水の滔々たる流れはさすが日本一の長流の貫禄だ。せっかくなので、ひとつ手前の立ケ花(たてがはな)駅から3キロほど歩いてアプローチすることにしよう。何ごとも「前奏曲」のようなものが必要である。

駅の周囲に人家は見られない。そもそも立ケ花という地名は対岸の中野市のもので、乗客の多くもそちら側から来るようだ。現在の国道117号の旧道とおぼしきセンターラインのない道路を線路に沿って歩く。右手に千曲川、前方には高社山（たかやしろやま）が聳えている。別名「高井富士」と呼ばれるように、高井郡（明治12年以降は上高井郡・下高井郡）を代表する独立峰だ。

30年以上も前に移転した美容院

リンゴ畑や森を過ぎ、上信越自動車道を跨いでしばらく進むと線路と千曲川が俯瞰できるが、道は徐々に低くなりレールとほぼ同じ高さになる。鳥居に「蚊田明神社」とある急な階段を見上げつつその先を右へ折れると、ようやくパーマ踏切にたどり着いた。他の踏切と同様に踏切名を運転士に向けて表示する「パーマ」が妙におかしかった。

上今井のまとまった集落の南にあたる場所なので美容院があっても不思議はないのだが、周囲を見渡してもその気配はない。とりあえず踏切の写真だけでも撮ろうとしたが、保線の仕事をしているヘルメット姿の男性が陣取っているので、カメラを向けるのも気が引け

どこか妙な感触の「パーマ踏切」標識。起点の豊野から6キロ300メートル地点にある

る。

正直に「珍しい踏切名を訪ね歩いている」と説明すると、物好きだねえという表情を浮かべながらも、「この線は珍しい踏切が多いよ、すぐ隣は鬼坂踏切だし」と実例を挙げて教えてくれた。飯山線の保線にかかわって数十年だそうだが、彼が知る限りパーマ踏切の近くに美容院などは見かけないという。


踏切のすぐ北側のお宅に伺ってみる。1階部分がガレージのようなスペースなので、もしやここに美容院があったのかと思って、階段を上っていきなり訪ねてみた。60代後半とおぼしきおじさんが1人寝転んでテレビを見ている最中にお邪魔してしまったが、パーマ踏切の話をしたら、変な顔もせず実直に答えてくれた。

ざっと話をまとめれば、20年ほど前までは、もと飯山の人が営んでいたパーマ屋さんが実際にあったという。それじゃあ閉店したのは平成に入ってからですかと問えば、「いや昭和だったから30年以上は前だったかなあ……」。20年前と思って調べてみると30年、40年前だったという経験は私にもある。時の流れはまさに矢の如しである。

地元に長い人らしく、そのパーマ屋さんが豊野（飯山線の起点）に引っ越して、あちらで美容院をやっているはず、と教えてくれた。さすが昔の地名や施設を今に伝える生き証人としての踏切である。店がなくなって久しい今まで「パーマ」を名乗り続けてくれたおかげで、地域の物語をひとつ引き出すことができた。

パーマ踏切を西側から眺める。遠方が千曲川。この道を下ったところに昔はパーマ屋さんがあったそうな

パーマ踏切の名の元となった美容院の場所も教えてもらったので、行ってみることにしよう。元パーマ屋さんへは踏切の道を千曲川の方へ少し下ったあたりで、今は別の家が建っている。しばらく佇んでいたが人の気配はない。おじさんの話の通り、築30年以上は経っているだろうかと値踏み

していると、近所の犬が吠える声。静かな昼下がりであるが、真夏の日差しが熱い。

移転したパーマ屋さんにインタビュー

豊野の近辺に美容院は意外に多く、10軒ほどがヒットした。そのことを編集担当の大坂温子さんに話したら、地元なので取材をしてくるという。

あっという間に取材してきた大坂さんの話によれば、美容院は「ちどり美容室」で、この山浦広子さんと、長年ともに働く中沢秀子さんに話をうかがったという。山浦さんは80歳、中沢さんが81歳（取材当時）。

山浦さん一家は、もとは東京にお住まいだったが戦況が厳しくなって上今井に疎開。ほどなく東京の家が空襲で焼けてしまったため、終戦1、2年後に山浦さんのお母さんがここでパーマ屋を始めることにしたという。お母さんはかつて目黒の雅叙園で着付けの仕事をしており、さらに「電気パーマ」の技術を習得して鬼に金棒である。戦時中は「贅沢は敵だ」「パーマネントは止めませう」などの標語に象徴されるように目の敵にされた業種だが、戦後の大転換で店は大人気になった。山奥の方から弁当持ちで来てくれるほどの大盛況だったという。

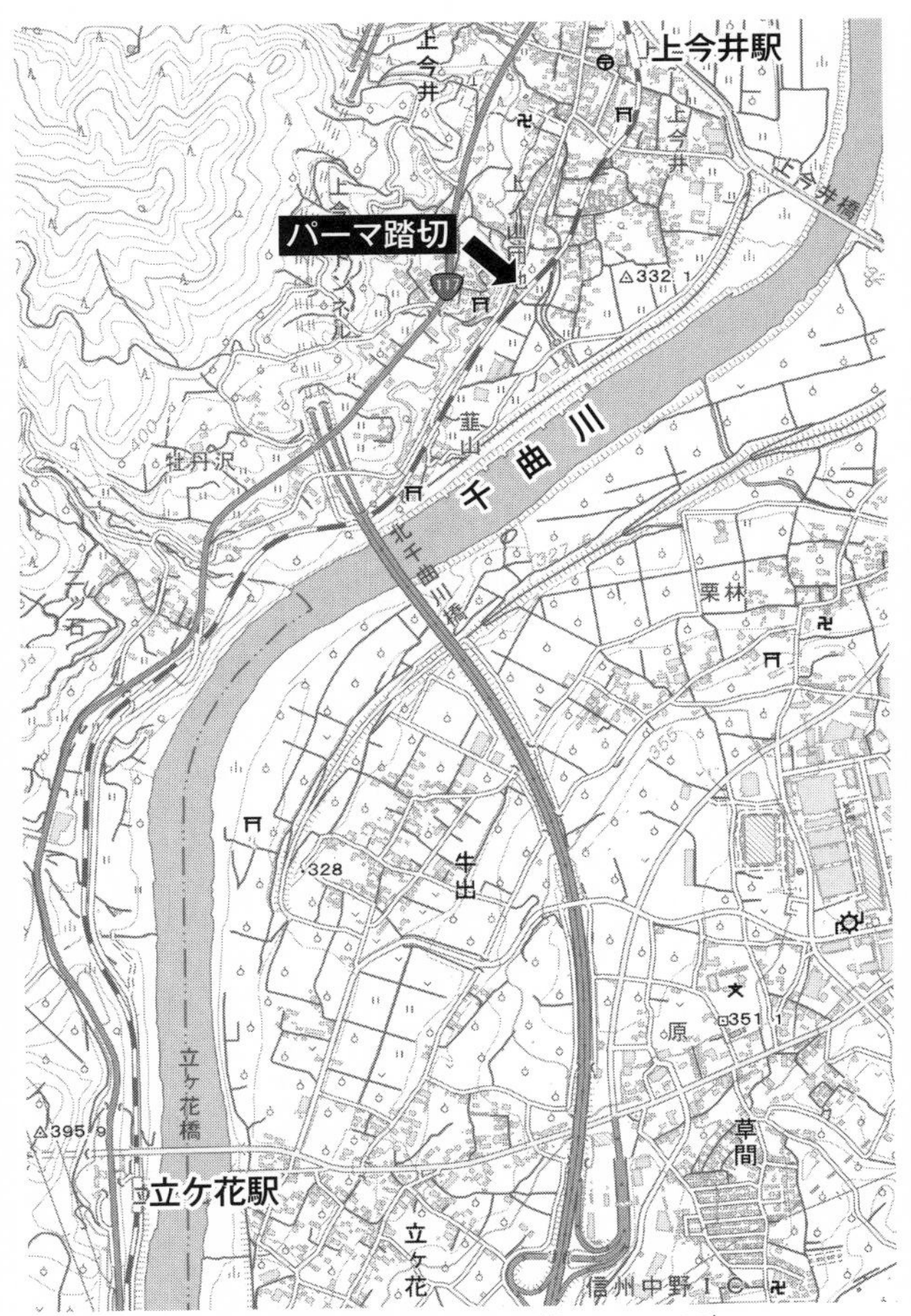

パーマ踏切周辺。地理院地図に書き込み（約1：24,100）

踏切は店ができる前からあったが、枕木を並べただけの簡単なものだったというから、正式な踏切でなかったのかもしれない。それでも客たちは「明神さんの踏切を渡って、川を渡ればパーマ屋」と教え合っていたらしい。明神さんとは、急な階段の蚊田明神社のことだろう。いつしか枕木には「パーマ」の文字が刻まれ、それが正式名称になったようだ。

店は繁盛していたが、目の前の小さな川が4回も氾濫して店に水が入ってきたので、川を拡張して改修することになった。それを機に豊野へ移転したのだという。それが昭和28（1953）～29年というから、65～66年（2019年現在）は経ったことになる。教えてくれたおじさんに伝えたら、そんなに経ったかと絶句するだろうか。

この踏切は山浦さん家族や中沢さんにとって、大切な記念碑に違いない。

古代文字踏切——神秘を語る踏切

そこは難読地名だらけ

踏切の名前には地名や道路名が採用されることが多く、中には消えた地名や使われなくなった街道名もあって興味深い。○○神社踏切、○○学校踏切のような施設名も全国でよく見かけるが、こちらもやはり鉄道開通時にはあったけれど今は移転してしまった施設を記念碑的に名乗る例は珍しくない。

しかし、中にはこういった分類からはみ出してしまう踏切も存在する。例えば、友人に教えてもらった北海道余市町の「古代文字踏切」などは、地名でも道路名でも施設名でもなく、そもそも古代文字と言われても皆目見当が付かない。そこで、現地まで足を運び、その謎を解いてみることにした。

最寄り駅は小樽市内最西端にあたる函館本線の蘭島駅で、そこから2キロ弱も歩けば「古代文字踏切」にたどり着く。9月28日。小樽から2両編成の長万部行き普通列車で降り立つ。無人駅なのでどこからでも出入り自由で、私ひとり跨線橋を渡り、ペンション風のやや場違いな新しい駅舎を通り抜けた。

短い駅前通りを抜ければすぐ国道5号である。函館と札幌を結ぶ「天下の1ケタ国道」だけあって交通量は多くスピードも出ているだけに、あちら側へ渡るタイミングをとるのは難しい。がらんとした駅とは対照的である。蘭島川の橋を渡り、岬の根元を短いトンネルでくぐった。坑口の上部に掲げられた扁額の「畚部隧道」の「畚部」は、フゴッペと読む難読地名だ。そこだけ歩道がないのでトラックなどが高速で抜ける脇を歩くのは恐ろしい。

このトンネルを出ると余市郡余市町に入る。海風が吹き付けるバス停が「栄町」であるのは違和感を覚えたが、周囲には家々が数軒点在していて寺もあり、懸命に栄えている。このままクルマの多い道を直進して左折すれば、すぐに件の踏切にたどり着けるのだけれど、そこを通る細道（地形図では1本線［1車線道］）を山側からアプローチした方が面白そうだ。

そこで栄町稲荷神社と永福寺のある方へ左折、南下して函館本線の踏切を渡った。蘭島トンネルの西口が間近で、線路も先ほど国道でくぐった細長い尾根を貫いている。踏切の名はトンネルと同じ畚部踏切。調べてみると「栄町」という町名は昭和30（1955）年まで畚部を名乗っていた。字が難しくかつ難読なので変更したのかもしれない。フゴッペの地名は、『北海道地名分類字典』（本多貢著、北海道新聞社）によれば、（1）フム・コイ・ペ（波の音が高い処）、（2）フンキ・オ・ペ（番人が見張りする処［境界争いに由来］）、（3）フンコベ（トカゲ）と諸説あるようだが、畚部トンネルから見た岬の形状がまさにトカゲの頭そっくりだったので、気分としては（3）を採りたい。

その先の水車橋で畚部川を渡り、フルーツ街道（広域農道）の高架橋の手前を右折、さらに地形図通りに踏切へ通じる細道へ入ろうとしたが、あるはずの道はトウモロコシ畑の脇の細長い空き地といった風情。さらに入ってみると草が生い茂った中に2本の轍（わだち）が見える。半ば廃道ながら道であることは間違いない。

消えた遺跡

森に入って少しばかり心細くなった頃に突然現れたのが、踏切の標識であった。蒸気機関車をあしらった旧版で、そのすぐ先に枕木を並べたような簡易な踏切が姿を見せた。警報機も据え付けられているが傍らに通行止の道路標識があり、「この踏切には敷板がありませんので

新しいプレートごしに小樽方面を望む

古めかしい手書き文字が躍る「古代文字」の踏切プレート

ませんので車両は通行できません　12月15日から3月31日まで」とある。標識に反して敷板はあるものの、先ほどの廃道のような道にクルマで進入する人はいないだろう。踏切プレートは2カ所あり、線路の南側には青いブリキ板らしきものに白い手書き文字で「古代文字」と記された古いのと、北側には共通様式の黄色プレートに「古代文字踏切　237K007M」（函館起点）の表示が付けられていた。

さてこの古代文字の謎は、踏切の北側すぐ目の前の建物「国指定史跡　フゴッペ洞窟」の博物館で解明された。洞窟は昭和25（1950）年に考古学少年だった大塚誠之助氏が見つけた土器片がきっかけで発見されたもので、翌年に北海道大学名取助教授を団長とする調査団が発掘した結果、国内最大級の刻画のある洞窟遺跡として知られるようになった。今では博物館がその洞窟を覆うように建ち、刻画を保護している。

ところが博物館でもらったパンフレットには「岩壁に刻まれた絵（岩面刻画）」という表現はあるのだが、古代文字の表記はない。あとで調べてみると、フゴッペ洞窟とは別に「畚部遺跡」という存在が間近にあったそうだ。ネットに載っていた昭和2（1927）年11月14日付の小樽新聞の記事には、「神秘を語る古代文字」などの見出しがあり、扱いはかなり大きい。記事によれば保線を担当している宮本義明氏が土砂採り作業中にこれを見つけ、後に小樽高等商業（現小樽商大）の西田彰三教授が、明治期に発見された小樽市の手宮洞窟と同種の「古代文字」と認定したという。

手宮洞窟の「文字」も戦前には近年の落書き説もあったが、昨今では手宮洞窟、フゴッペ洞窟ともに1600年ほど前の続縄文時代（本土とは時代区分が異なる）に彫られたもの

木立の中に踏切の標識、そして目指す踏切が見えてくる

との評価が定まったようで、アムール川周辺などの岩壁画と共通する舟、魚、人などの絵柄から、環日本海の広い文化圏に暮らした人たちが、祈りや願いなど何らかの動機で刻んだ絵であると解釈されている。

　ということは、やはり「古代文字」を名乗ったこの踏切も、きっと保線の宮本さんが発見した昭和の初め頃に命名されたのではないだろうか。念のため明治42（1909）年部分修正の地形図で確認すると、徒歩道の幅員ではあるがこの道は存在したようだ。建物の庇護の下で大切にされているフゴッペ洞窟と違って、ニセモノ扱いなどで疎略に扱われた畚部遺跡の方は消えてしまったという。

　そうなるとここも「記念碑踏切」であるが、そもそも踏切南側の道が廃れつつある現状を考えれば、踏切の将来は心配だ。いや、昨今のJR北海道の置かれた厳しい環境を考えれば、線路そのものの維持も……。マニアとしては心配事が絶えない。

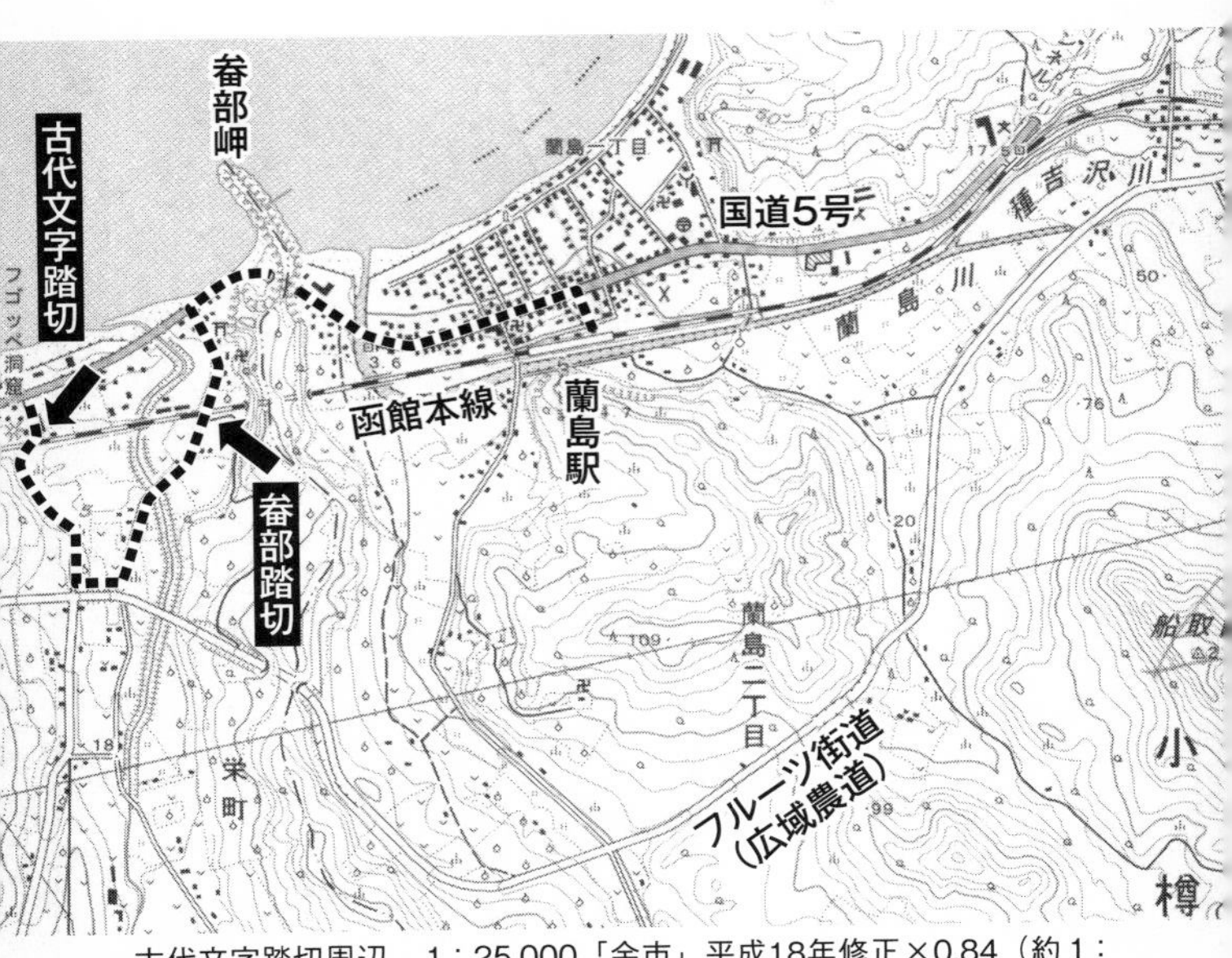

古代文字踏切周辺。1：25,000「余市」平成18年修正×0.84（約1：29,600）に書き込み

異人館踏切――2人の異人さんの謎を解く

江戸時代の境界争いの名残

湘南と聞いて多くの人が思い浮かべる地名といえば、茅ヶ崎だろうか。サザンオールスターズの桑田佳祐（くわたけいすけ）さんの故郷でもあり、ヒット曲に「茅ヶ崎」が長年にわたって連呼された結果、この地名は全国区となった。

その茅ヶ崎に異人館踏切という変わった名前の踏切がある。東海道本線の茅ケ崎駅南口を出て線路にほぼ沿ったバス通りを東へ1・4キロほど進み、若松町の交差点で左折した先だ。久しぶりにきれいに晴れ渡ったある日、現地へ赴いた。まっすぐな道を300メートルほど北上すれば東海道本線を横切るこの踏切である。

しかし、周辺に異人館らしき建物は見当たらない。考えてみれば「異人館」という呼び方からして時代がかっているので、命名は戦前かもしれない。踏切を渡ってすぐ南側へ引き返すと、道に面したプランターに水やりをしていた定年直後とお見受けするおじさんが。尋ねてみると「この通りはラチエン通りというんですが、そのラチエンさんの屋敷があったそうですよ。だから異人館なんでしょう」との回答。どこにあったのかはご存じでないらしい。

北側から異人館踏切を望む。ここから浜側へ続くラチエン通り

なるほどマンションの名前に「ラチエン通り」を伴ったものがあり、要所にある街灯の上方にもその標識が取り付けられていた。地図によればこの通りは海岸まで2キロほども一直線で続いており、それでいて幅はあまり広くない。他の屈曲して自然発生的な道に比べて異彩を放っているのであとで調べたとこ

ろ、江戸時代に茅ヶ崎村と小和田村が境界争いした際、東海道の塚から相模湾の烏帽子岩を直線で結んだラインに境界が決まり、これに沿って道がつけられたらしい。少なくとも明治期の地形図には描かれている由緒ある道だ。

ドイツの貿易商の館はどこに?

それにしても、標識ではラチエン通りがRachien-doriとベタなローマ字なので、これではどこの国の人かさっぱりわからない。先ほどの交差点からさらに南へ歩くと、Plainという洒落たカフェがあって、その木製看板にRue Ratjenの文字が添えられている。Rueはフランス語で「通り」だから、Ratjenがラチエンさんの綴りなのだろう。すぐ先の「松が丘ラチエン通り公園」のプレートには欧文表記はなかったが、傍らにラチエンさんの紹介文があった。やはり歩いてみるものである。

ラチエン通りは、国道1号から海に向かって烏帽子岩を正面に臨む真っ直ぐの道。昭和初期にドイツ人貿易商のルドルフ・ラチエンさんの広大な別荘があったことからこの名がつきました。かつて芥川賞作家の開高健さんが住み、通りをゆらゆらと楽しみながら歩いたと聞いています。サザンの桑田さんはラチエン通りを題材にした曲を作り、宇宙飛行士の野口さんも若かりし頃この道を歩きました。（後略）

すぐ先の魚屋さんの店先で魚を捌いていた旦那さんに、ラチエン邸がどこにあったか聞いてみた。包丁の手を止めずに「どこって、そのあたり全部だよ。1万坪ぐらいあったっけ。俺が6歳の頃だから55年前、ここへ来たときには屋敷はあったね。通りに沿って立派な塀が続いていて、その上には細かいガラスがびっしり刺してあった」という。

ラチエン通りの標識。「ローマ字表記」がちょっと残念

帰宅してネット検索してみると、広い豪邸を建てるだけあって辞書サイトの「Weblio」にも詳細に紹介されていた。要旨を記せば、ラチエンさんは明治35（1902）年に炭酸水販売会社員として来日し、奥さんは岡山県出身の日本人という。その後は東京の青山で「ラチエン商会」を立ち上げ、ベンツの自動車や刃物をはじめとするドイツ商品の輸入で成功した。青山の自宅の他に藤沢の鵠沼（くげぬま）に別荘を持っていたが、関東大震災で壊れたので茅ヶ崎に1万5千坪の土地を買ってここに再建したという。桜を好んで家の前を海岸に向かう

道を桜並木にしたとあるが、これが現在のラチエン通りだ。

1万5千坪といえば約5ヘクタールである。50坪の家が300軒は建つ広大な敷地だから、魚屋さんがこのあたり全部と形容したのも納得だ。先ほどの公園などそのごく一部に過ぎないのだろう。ウィキペディアにも彼の名はあって、Rudolf Ratjenというスペルも判明した。ドイツ語の発音なら「ラーティエン」あたりが近い表記だろう。

日本語ウィキの記述によれば、彼は日本で言えば明治14（1881）年の生まれ。来日時は弱冠21歳だから、あるいは親と一緒だったのかもしれない。敗戦直後の昭和22

狭い直線道路のラチエン通り

（1947）年に亡くなったということは、誕生日が過ぎていれば享年66。魚屋さんが子供の頃にここへ来たときにはすでに主人は没後で、奥さんだけが存命だったのだろうか。
国土地理院のサイトで過去の空中写真が閲覧できるが、これで昭和21（1946）年2月15日に米軍が撮影したものを見ると、この一直線の通りの東側に、他とはケタ違いに大きな洋館があり、それを木立と塀（はっきり見える！）が取り巻いている。玄関先の車回しからして大きい。なるほど敷地を合計すれば5ヘクタールありそうだ。手持ちの昭和29（1954）年修正の2万5千分の1地形図「江ノ島」にもわざわざ塀の記号で囲まれた屋敷が描かれているから、まさに特別な存在であったことがわかる。

もう1人〝異人さん〟がいた！

ところが、実は踏切名になった異人館はこの屋敷ではなかったのだ。踏切から邸宅までだいぶ遠いのが引っかかっていたのだが、地域情報紙『タウンニュース』茅ヶ崎版の第三一回「ラチエン通り」の記事の文末にはこの踏切のことが紹介されており、「異人館と呼ばれたボールデン（イギリス人）の屋敷が、現在のひばりが丘にあった」とある。ひばりが丘は踏切の南東側で、今では住宅が密集していて往時を偲ぶのは難しいが、『茅ヶ崎市史』を参考文献としているから信憑性は高そうだ。

他のサイトによれば、ボールデンは平塚海軍火薬廠（火薬工場）の技師で、そのルーツは明治38（1905）年に英国のアームストロング、ノーベル、ヴィッカースの3社が設立した日本爆発物製造株式会社平塚製造所というから、ボールデンは3社の関係者だったのだろうか。いずれにせよ昭和に引っ越してきたラチエンさんよりだいぶ前の人だ。『角

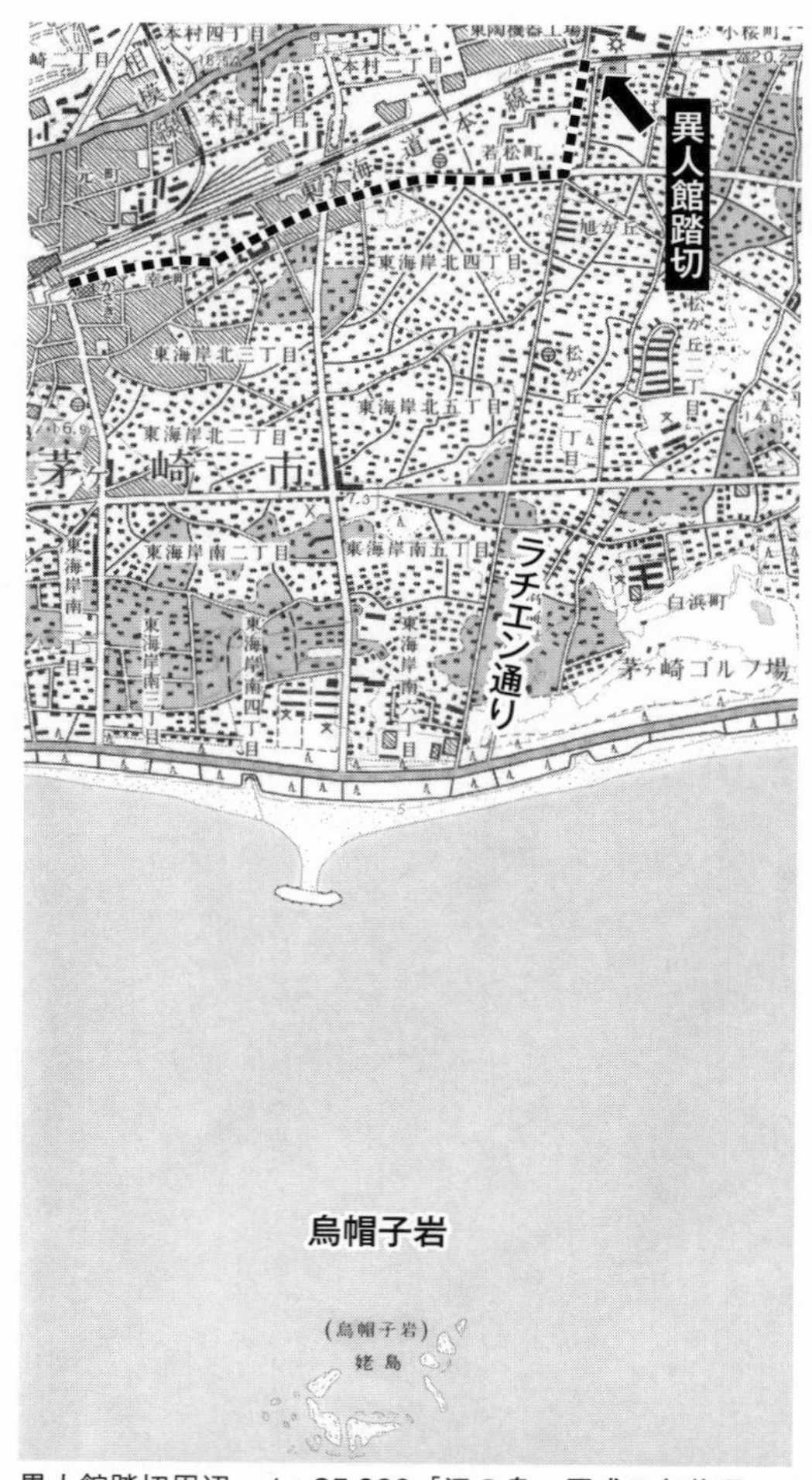

異人館踏切周辺。1：25,000「江の島」平成７年修正×0.80（約1：31,200）に書き込み

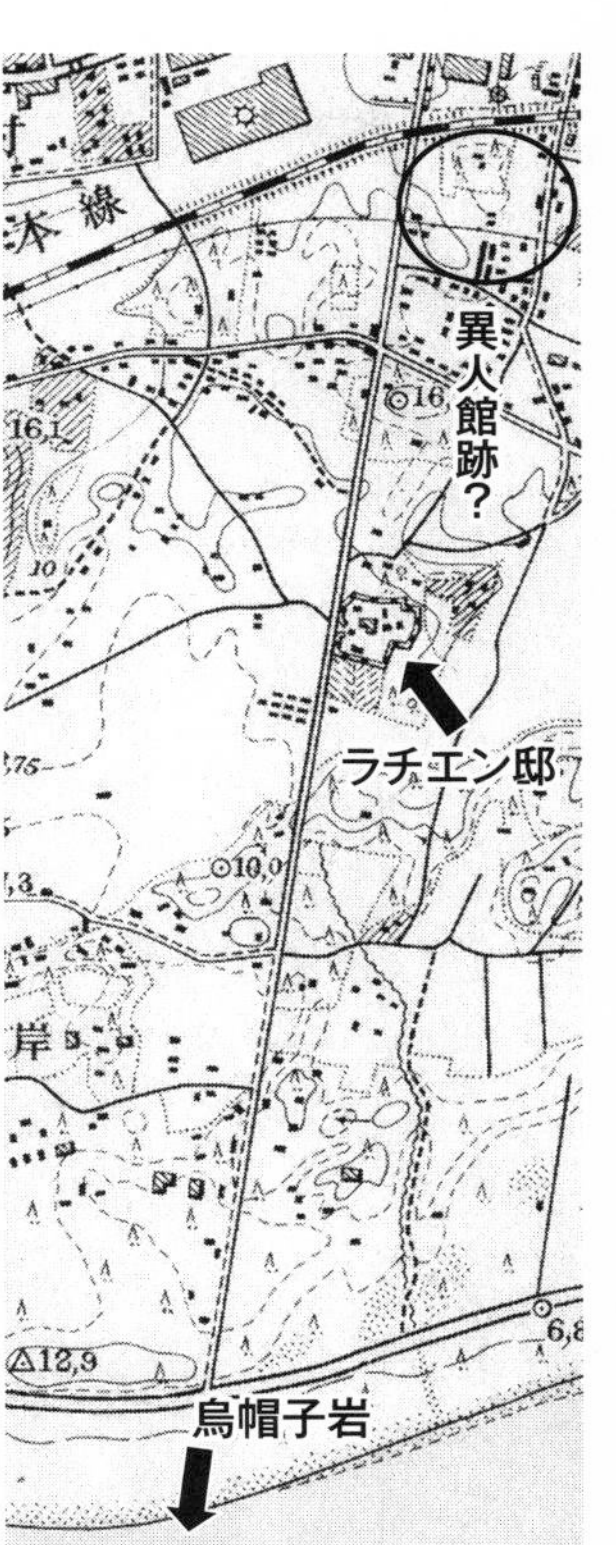

異人館踏切周辺。1：25,000「江ノ島」昭和29年修正×1.10（約1：22,700）に書き込み

川日本地名大辞典』によれば、明治31（1898）年に茅ケ崎駅が開業してからは官僚や学者、軍人らの別荘の建設が進んだというから、ボールデンさんの「異人館」もその流れで建てられたのではないだろうか。ひょっとすると取引のあった海軍の幹部が適地を紹介したのかもしれない。

今では別荘地というより東京や横浜へ通うサラリーマンの街としての側面が強い茅ヶ崎だが、所々に残る松林や屋敷の佇まい、センスの良い小さな店の存在などが、異人館の踏切名とともに、かつての別荘地の空気を伝えている。

無名踏切――名前がないと名乗る踏切

北条氏ゆかりの土地

三島駅から伊豆半島の中央部を南下して修善寺へ向かう伊豆箱根鉄道駿豆線。この線に無名踏切がある。無名といえばふつう「名前がない」ということだから、「無名踏切という名の踏切」は矛盾なのかもしれない。もちろんこの路線に数ある他の踏切にはそれぞれ名前が付いているのに、ここだけは「無名」なのだ。

場所は旧町名である韮山町の方が通りやすいかもしれないが、平成17（2005）年に近隣の伊豆長岡町、大仁町との3町合併で伊豆の国市になった。南隣の修善寺町や天城湯ヶ島町に「伊豆市」の名を先取りされてしまったので、涙を呑んで「の国」を付けたらしい。助詞「の」が入った市名といえば紀の川市など、例がないことはないが珍しい。

踏切の最寄りである伊豆長岡駅までは三島駅から22分。一帯は南条（なんじょう）という地名で、伊豆長岡駅も大正８（１９１９）年までは南条駅と称し、北隣の韮山駅も同時期までは北条駅だった。

かの無名踏切は韮山駅との中間地点より少し南側にあるので、駅の東側の線路と並行した道を北上する。すぐに韮山古川を渡るが、この流れを数キロ遡れば有名な韮山反射炉だ。幕末の日本近海にしばしば現われる黒船を目の当たりにした頃、その「洋夷（ようい）（西洋）」の恐るべき近代的兵力に対抗すべく、国産の大砲を製造できるよう必死かつ慌てて作った施設である。

ビニールハウスが目立つが、何を作っているのだろうか。その他は田んぼが広がっている。収穫が始まったばかりの一面の稲穂が午前中の明るい日差しに黄金色に輝き、まさに豊葦原（とよあしはら） 瑞穂国（のみずほのくに）を実感する。

西側に孤立する守山（もりやま）（標高１０２メートル）を正面に見るあたりで左折すれば、お目当ての無名踏切だ。踏切に近寄ってみると、本当に「無名踏切」とある。三島駅からの距離を示す「起点10K658m」が記され、「伊豆の国市寺家３００－２」と住所まで明記してある。伊豆箱根鉄道の社風なのだろうか。旧国鉄の踏切はこんなに丁寧ではない。寺家は

「じけ」と読む。

しばらく無名の空気に浸ってから、ひとつ北側の踏切の方へ行ってみた。こちらはちゃんと名前があって「北条踏切」。

すぐ近くで軽トラックに荷物を積んでいた70代と覚しき男性に無名のいわれを尋ねてみると、「あそこは昔から農道で何も名前がなかったからじゃないかな」とのこと。「地名は寺家。その通り寺が多いでしょう。それから北条氏ゆかりの土地だからね。史跡があちこちにある。歴史の街だよ」と誇り高そうだ。

なだらかな稜線を見せる伊豆半島の脊梁山地を背景にした無名踏切

源頼朝が流された蛭ヶ小島も近くですよねと問えば「11時の方角ね」と即答。11時といえば北北西に近いが、そもそも伝説上だからそんなに厳密に特定できるのだろうか。あとで調べたら11時ではなくて1時の方角に「源頼朝配流の地　蛭ヶ小島」の記念碑と駐車場つきの公園が整備されていた。おじさんの11時は異説による比定地なのかもしれない。

「むめい」か、「むみょう」か

文字通り寺の集まる守山東麓の方へ行ってみよう。ちなみにその山の西側を流れるのが狩野(かの)川である。交通量が多くひっきりなしに車が行き交う国道136号を渡った。これが下田街道で、南下すれば湯ヶ島を経て天城峠を越える。かの『伊豆の踊子』の舞台である。ほどなく願成就院(がんじょうじゅいん)の山門が迫ってきた。由緒ありそうな寺の冊子を坊さんから購入して読んでみると、願成就院は高野山真言宗。頼朝の妻政子の父である北条時政が奥州藤原氏の征伐成功を祈って文治5(1189)年に建立したと、鎌倉幕府の公式記録『吾妻鏡』に記されているという。そういえば境内(けいだい)には北条時政の墓の案内板もあった。寺には当時すでに一流の仏師として知られていた運慶の作になる、いずれも国宝の阿弥陀如来坐像、不動明王像が安置されているという。たまたま通りかかったにもかかわらず、由緒ある寺であった。

ふと頭に浮かんだのが無名の意味。これはひょっとすると仏教用語から転じた可能性はないだろうか。踏切にはルビで「むめいふみきり」とあったが、ルビは時に間違っていることも珍しくない。小字の地名でもなさそうだし、由来を知る人がなくなれば適当に読む

無名踏切周辺。1：25,000「韮山」平成13年修正×1.47（約1：17,000）に書き込み

しかないのである。呉音なら「むみょう」で仏教らしくなるが、仏教用語で用いられる同じ発音は「無明」の方で、これは違いそうだ。無明を『広辞苑』第三版で引いてみたら「真理に暗いこと。一切の迷妄・煩悩の根源……」などとある。この踏切で己の無明を認識して寺へ行くよう諭すメッセージだろうか。いやいや、全国の他の踏切のむしろ刹那的とさえ言えるネーミングを思い浮かべてみれば、そんなはずはない。やはり無名の農道に設置した踏切というシンプル系の由来だろう。

果たして名はないのかあるのか……

　まあ踏切本人に言わせればどちらでも同じことで、とにかく電車が近づきゃ毎日カンカン鳴らしては遮断桿を降ろし、往来を安全に見守るだけの話である。

　誰かがやらねばならない「無名の仕事」を文句も言わずに愚直に続けることの大切さを、わずかな待ち時間でも感じていただきたい、とこの踏切は控えめに発しているのではないか。

レコード館踏切——モダンな空気漂う

40年以上前の製氷会社の名残

伊豆箱根鉄道駿豆線は東海道本線の三島駅が起点であるが、三島の旧市街に三島広小路、三島田町、三島二日町という三島つきの3駅が並んでいる。その中の広小路と田町の間にあるのが、製氷前踏切とレコード館踏切だ。ネットの地図を最大縮尺にしても該当する建物は見当たらない。これはかつて建物の名を付けながらも、後にそれが失われて「記念碑踏切」となっている可能性が高いと判断した。

三島から電車で5分、2駅目の三島田町の駅舎に掲げられた看板に「三嶋大社前」の文字がある通り、その最寄り駅である。伊豆国一宮にあたる由緒あるこの神社はキンモクセイの大木で知られており、江戸期には数里先までその花の香りが漂っていたそうだ。

線路に沿って坂道を下り、御殿川を「通学橋」で渡る。すぐ脇は駿豆線の小鉄橋。鋼鉄の橋桁の上に枕木とレールを載せた昔ながらのプレートガーダー橋である。

ほどなく三島駅の方から南下してくる街道の踏切だが、これが製氷前踏切。前後左右を見渡しても製氷に関する建物はやはり見当たらない。踏切の南西側にある不動産屋さんを訪ねてみた。

氷屋さんの記念碑、製氷前踏切

40代と覚しき女性が対応してくれたが、やはり昔はたしかに製氷会社があったという。裏手の駐車場のところだそうだ。わりと広いスペースだから踏切名に相応しかったのだろう。どのくらい前までありましたかと聞けば、奥にいたお母さんらしき女性が「30年くらい前かしら」と答える。娘さんが「いや、もっとずっと前でしょ」と訂正するが、思えば平成もすでに30年近く経った（2017年取材当時）。

お母さんは「そういえば今年で店を出して57年だから、それから10年少しあとでしょうかね」という。私が58歳だから計算しやすい。10代だったのは昭和44（1969）年以降なので、少なくとも40年以上は経っている勘定だ。やはり光陰矢の如しである。

映画館はあったものの……

線路脇の細道をたどれば、すぐレコード館踏切である。たどり着いてみると、やはりそれらしき建物はなく、駐車場と民家と中層マンション、それに病院の入り口がすぐ近くに見えるだけ。店などはないので、踏切のすぐ横のお宅をピンポンした。一般家庭に飛び込み取材はあまりしないのだが、知っていそうなのは、やはり至近距離にお住まいの人をおいていない。80歳というにはお若く見えるご婦人が、突然の私の闖入（ちんにゅう）にもかかわらず快くお話を聞かせてくれた。

目の前の駐車場から向こう側にかけて、昔は映画館があったのだという。でもその名前がレコード館というわけではなく、「たしか銀座劇場といったかしら」。踏切そのものはだいぶ古いようで、彼女は地元の出身だから、路面電車が三島広小路から沼津まで走っていたのも当然ご存じ。でもレコード館というのはわからないという。映画館ができる前にそんな建物があったのかもしれませんね、という。お詫びしつつお礼を言って玄関先を辞した。

もうひとつ広小路駅寄りには常林寺踏切があり、その脇から源兵衛川へ降りられるようになっている。この川は知る人ぞ知る存在だ。他の都市河川と同様に高度成長期に汚れていたのを市民が主導して再生を果たしたのだという。上流側で取水していた東レの工場もきれいに処理した水をこの川に戻し、地元の人たちが清掃につとめた結果、見違えるよう

レコード館は見当たらないが……

旧東海道にも近いレコード館踏切

になったそうだ。川沿いに上手へたどればすぐ旧東海道で、右へ行けば江戸。例の三嶋大社はそちらへ進む。

太宰治もこの踏切を渡った?

帰宅してから古い三島市街図を持っていることを思い出した。久しぶりに引っ張り出してみると、踏切前にお住まいの婦人の記憶は正しかった。昭和31（1956）年発行の「三島市街図」には「銀座劇場」という映画館がその場所にしっかり記載されている。実は昭和3（1928）年発行の「三島町詳細図」も持っていて、これによれば銀座館の位置には「堀内座」という名が記されていた。ネットで調べてみたら地元の方と思われる個人のサイト「南部孝一の歴史探訪」で、引用元は不明ながら「堀内座を映画館に改造したものがレコード館」という旨の記載があるではないか。

映画館に「レコード館」とは不思議だが、戦前の各地方の市街図を見ると「電気館」と称する映画館も多いから、命名センスは現代とはだいぶ異なったようである。ネットで調べていくと東京の「王子レコード館」という映画館も見つかった。○○劇場と称するよりモダンな印象を持たれたのかもしれない。日本では五所平之助監督の『マダムと女房』

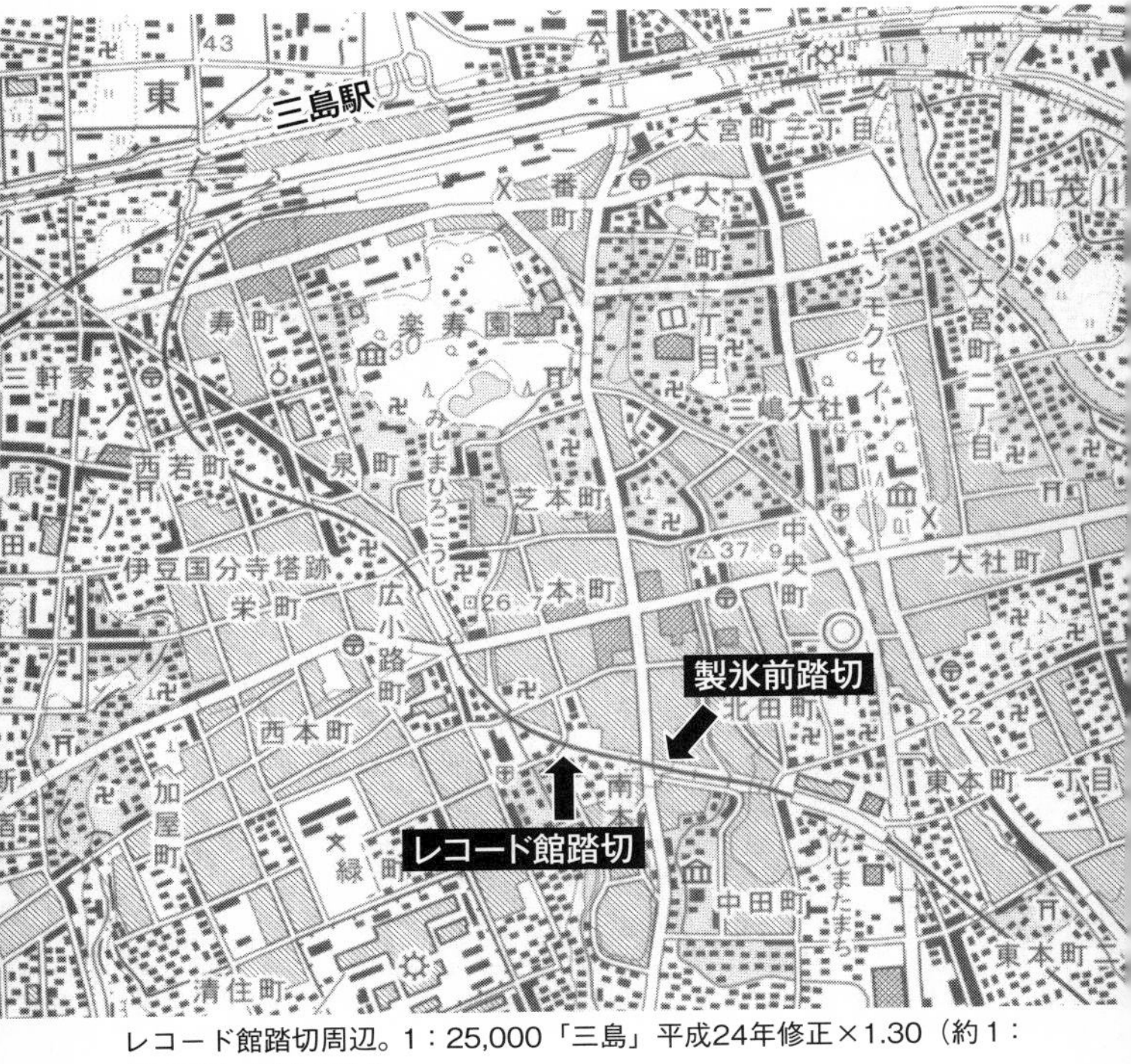

レコード館踏切周辺。1：25,000「三島」平成24年修正×1.30（約1：19,200）に書き込み

（田中絹代主演）が初のトーキー映画として昭和6（1931）年に封切られているので、サイレントじゃないぞという意味合いで、その頃に音付きイメージの「レコード館」に決めたのではないだろうか。ちなみに五所監督は昭和28（1953）年から亡くなるまで28年間三島に住んでいる。

当地の歴史を解説する三島市のサイトには「映画と演劇」と題するページがあり、これによれば三島には宿場町の時代から寄席や常設・仮設の芝居小屋があって賑わっていたという。大正時代になると中心市街に5館もの劇場があり、そこには六反田（現広小路町）の歌舞伎座、大中島（現本町）の堀内座（後の銀座劇場）、小中島（現中央町）の大正座の名が紹介されていた。レコード館がいつ銀座劇場に改称したのかわからないが、手元の昭和26年の別の図にすでに名があるから、それ以前だろう。それにしても、当時5万人台であった地方都市に最盛期には8館という劇場が存立し得た時代を改めて感じさせる。それらが急減に転じるのはテレビの普及の影響が大きいが、その後は自家用車の増加に伴って進行した全国的な「郊外化」の流れがとどめを刺した。

改めて昭和3（1928）年の市街図を見たら、先ほどの製氷前踏切のあたりに「日東製氷」の文字もあった。どうやら由緒ある製氷会社だったようだ。あるいはレコード館に

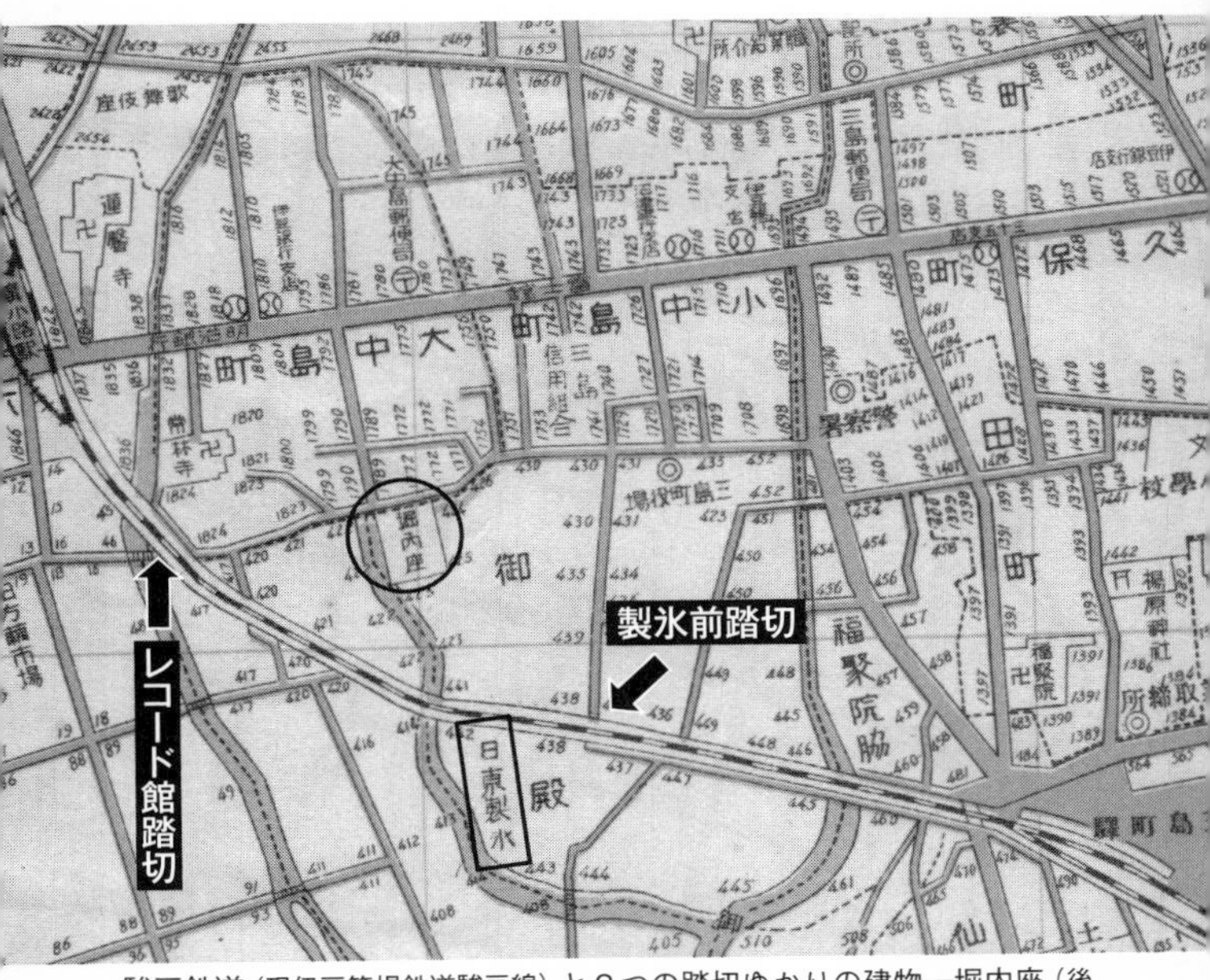

駿豆鉄道（現伊豆箱根鉄道駿豆線）と２つの踏切ゆかりの建物―堀内座（後のレコード館）と日東製氷。１：7,000高木工務所「三島町詳細図」昭和３（1928）年発行に書き込み

も氷を納入していただろうか。

先ほどのレコード館に言及したサイトは、太宰治が三島に滞在していた頃の話題を扱ったものだが、ひょっとして太宰もこの映画館に入り、日東製氷の納入した氷入りのジュースを飲んだかもしれない。その後にどちらかの踏切を渡って……。

虚無僧踏切——お坊さんが関係しているのか？

コモソの当て字か

鹿児島県の薩摩半島。錦江湾に面した東海岸には指宿枕崎線という長い名前の路線が通っている。かつては指宿線だったのが、戦後に枕崎まで延伸されてこんなに長くなった。モノレールを除けば日本最南端を走る鉄道である。

横浜港から船に乗って翌々日の昼すぎに鹿児島に着いた。なぜそんなアプローチをしたかといえば、私事ながら「斎藤茂太賞」をいただき、副賞の上海クルーズの途中に立ち寄ったのである。市街南部に位置する鹿児島マリンポートを15時過ぎに下船した私は、徒歩で約30分の宇宿駅へ向かった。ホームに入ってきた列車は15時46分発の山川行き快速「なのはな」号で、その名にふさわしく全身黄色。乗車率はなかなか高い。52分の乗車で指宿駅

こむそうふみきり
虚無僧踏切
47K566M

思えば実に謎めいたネーミングである

虚無僧踏切。警報機はあるけれど、ふつうの自動車は通れない狭さ

に到着した。

ほどなく目的地のひとつ手前にあたる療養所踏切にたどり着いた。付近にそんな施設は見当たらないが、「砂蒸し温泉」で昔から知られた指宿のことだ、今の海岸沿いのホテルのあたりに、軍の施設でもあったのだろう。あとで調べてみると、昭和14（1939）年に「傷痍軍人鹿児島療養所」が創設され、今も浜側ではなく線路の西側にその後身の国立

指宿医療センター（旧国立指宿病院）が建っているという。その踏切を西側へ渡って細道を線路に沿って南下したところがお目当ての虚無僧踏切だ。虚無僧といえば、編笠をかぶって尺八を吹き、喜捨を乞う人であるが、かつて有名な虚無僧でも住んでいたのだろうか。

虚無僧踏切は、いきなり畑のまん中にあった。そこだけ幅員が狭くなっていて自動車通行禁止の標識が立っている。補助標識に「小特を除く」とあるので、耕運機やトラクターなどは大丈夫らしい。野菜を積んでいた軽トラックのおばさんに声をかけてみた。虚無僧の話をすると、このあたりの字名はコモソと言うんですと教えてくれた。古いに毛という字で「古毛曽」はいかにも当て字らしいが、おそらく地形か地質などを表現したコモソという地名に、後になってから漢字が当てられたのだろう。日本ならどの地域にも当てはまる地名の難しさである。

コモソ、コモソーと言い習わしているうちに、誰か茶目っ気のある人が、おそらく寺の和尚さんあたりがニンマリ笑って「虚無僧」という字を当てて文書に記し、それがやがて踏切の名に採用されたのかもしれない。そもそも虚無僧という呼び方も、本来は座ったり寝たりするための薦を腰に巻いた薦僧が転じたというし。

だいぶ暗くなってしまったので、「湯の浜」という町名の海岸の方へ降りていく。温泉地は不特定多数の人が集う場所であり、虚無僧でも漂泊の僧でも勧進聖でも、昔からいろんな人がここに集まってきたのだろう。砂に埋もれつつ、虚無僧さんに人生相談をしたりするような風景があったのか……。

虚無僧踊りが伝わる地

そんな勝手な想像を膨らましていたのだが、後に調べてみると、指宿ロイヤルホテルのホームページに「ホテルの温泉は古毛曽湯（こもそゆ）と呼ばれ、その昔虚無僧たちが湯治したことの由来です。霊験あらたかな名湯として親しまれています」と紹介されているではないか。ホテルの場所を確認してみると、虚無僧踏切から500メートルも離れていない。

さらに調べてみると、指宿には「虚無僧踊り」が伝わっているという。ただし踊りはここだけではなく鹿児島市内で先ほど列車に乗った宇宿駅の少し西の中山（ちゅうざん）や薩摩川内市、いちき串木野市、さつま町、さらには種子島や宮崎県の都城市（ここも薩摩藩領）などでも続けられている。

鹿児島県のサイトで紹介されている「中山町下虚無僧踊り（ちゅうざんちょうしも）」の説明によれば、虚無僧に扮した幕府の密使が無礼な振る舞いをしたため、農民たちが自らの天秤棒で討ち果た

虚無僧踏切周辺。1：25,000「指宿」平成５年修正×0.88（約1：28,400）に書き込み

したことに由来する、という説が紹介されていた。そもそも虚無僧を薩摩藩領内で民衆がどのように受け入れていたかなど、にわか勉強では理解できるはずもないが、いずれにせよ昔から温泉に満ちたこの一帯にはさまざまな旅人が訪れ、独特な文化が醸成されたであろうことは想像に難くない。

洗濯場踏切——50年前の社交場の跡

火の見踏切に注目

JR飯田線は愛知県の豊橋を起点に静岡県浜松市天竜区の水窪（みさくぼ）を通り、南信（長野県南部）の中心都市・飯田市を経て中央本線の辰野駅（長野県辰野町）に至る195・7キロのローカル線だ。元は私鉄だったことから駅間の距離は短く、全線に94もの駅が存在する。険しい山の中や天竜川の峡谷をたどるため、138というトンネルの多さは他線の追随を許さない。

踏切の数もだいぶ多いらしく、たとえば豊橋から3つ目の小坂井駅から次の牛久保駅までは2・2キロの間に15もの踏切がひしめき、しかも自動車が通れない狭いものも目立つ。古くからの集落を貫いている証拠だが、そんな踏切群の中でもひときわ目を引くのが洗濯

火の見櫓のすぐ目の前に火の見踏切。命名のシンプルさが光る

場踏切である。

訪れた2月6日は未明に雪が降ったようで、朝9時過ぎに小坂井駅で電車を降りた頃には、畑や自動車の屋根などがうっすら白くなっていた。モダンな小駅舎に建て替えられているが、この駅の開業は明治31（1898）年と古い。豊川稲荷への参拝客を運ぶ豊川鉄道が開通した翌年に設置されて以来である。

駅から2つ目の小坂井踏切は五十三次以来の旧東海道が通っているが、さすがに風格が感じられた。少し西へ進んだ秋葉神社の松の木などいかにも街道筋らしい枝振りである。そのすぐ東側で国道1号が下をくぐると第二樫王、第一坂地、第二坂地と字名に由来する踏切が続く。

踏切を1本ずつ渡りつつジグザグに歩くのは思えば変な趣味かもしれないが仕方ない。次の「火の見踏切」は実にダイレクトで、目の前の線路脇には本当に火の見櫓が建っていた。思えば踏切の命名は、熟慮が重ねられた駅名とは違って誰も注目しないためか、即物的、悪く言えばいい加減であるが、わかりやすいのも身上である。櫓のある建物には「豊川市篠束(しのづか)自警団」とあった。建物は消防団の倉庫だろうか。

篠束は「日本武尊(やまとたけるのみこと)が東征の折に篠竹を伐って束ねて矢を作った」という伝説に由来するという古代からの地名だ。そこへ豊橋行きの電車が通過していった。ローカル線ながら飯田線も豊橋～豊川間だけは複線（しかも大正15年以来！）なので電車も多い。

篠束神社の西には西宮(にしみや)踏切、東に第一東宮(ひがしみや)踏切があったので安易な命名と思いきや、あとで地図を見れば小字の名前であった。思い込みは禁物である。その東側にはシャグジ公園という小さなカタカナ名の公園。似ているが泡が出る風呂の「ジャグジー」とは関係なく、ふつう社宮司という字が当てられる地名だろう。民俗学者の柳田國男によればミシャグジ・シャグジは「境界を守る塞(さい)の神(かみ)」としているが、起源には諸説あって定まらない。東京都練馬区の石神井(しゃくじい)も一説によれば同様の地名という。

実際の洗濯場があった！

さらにいくつか小さな踏切を過ぎると、ようやく目的地の洗濯場踏切が近づいてきた。

標識によれば豊橋駅の停車場中心から5キロ926メートル地点。線路は崖上で南側が開けて豊川の沖積地が見渡せる。時計を見ればちょうど10時だが意外に小型自動車や歩行者など交通量が多い。自転車に乗ったおばさんに洗濯場の由来を尋ねてみると、「昔この下の方に洗濯場があったの。湧き水があったんだけど、ずいぶん昔のこと」と答えてくれた。

これは嬉しやと、踏切からおばさんが指さした方へ通じる細い坂道を下ると、なんと洗濯場跡らしきものがあるではないか。そこは崖下で、草が茂っているが明らかにコンクリートや石で囲って水を溜めるスペースになっている。ローマのカラカラ浴場とまではいかないが、石段もあってそれなりの形。きっと近所の奥さんたちがここに集まって世間話に花を咲かせながら洗濯していたに違いない。崖下は楠か楢のような照葉樹があって、いかにも崖下から湧水があったらしき地形である。

そのさらに下は古そうな街道で、ちょうど犬の散歩に来ていた70代ほどのおじさんに話を聞いてみると、洗濯場はここだけじゃなくて崖沿いに何カ所もあったとのこと。その洗濯場がいつまで使われていたかを尋ねると、「ううん、30年ぐらい前かね」というから、たぶん50年前だろう。この手の昔話の年数は5割増しするとおおむね正しくなるのが常だ。

洗濯場踏切の所在地は下長山町中屋敷で、その字名がついているのが中屋敷踏切。そこ

青空の下の看板がまばゆい洗濯場踏切

踏切のすぐ下には洗濯場の遺構が！

で電車を待っていたらウォーキング中のおばさんに話しかけられた。踏切の写真を撮っているというのはずいぶん奇妙に見えたかもしれない。伺えばあと数カ月で80歳。私の母と年齢が近く、終戦の時には小学校1年生だったなどと話してくれる。ついでに洗濯場踏切の話に振ってみたらもちろんご存じで、実はあるときから水が出なくなったのだという。

いつしか涸れた水

昭和30年代前半に豊川市では下水道を整備していた。これは周囲の市町村に比べればずいぶん早かったそうだが、その頃に「こんな大きな」と手を頭の上にかざしながら、背丈ほどの下水道管をイケたのだという。イケるというのは「埋める」という意味の方言で、東京の多摩地方でも耳にする。その土管をイケたら洗濯場の湧水が涸れてしまったのだという。地下水脈を切ってしまったのだろう。ちょうどその頃から自動洗濯機が普及し始めたこともあって、洗濯場は使われなくなったそうだ。

手元の地形図をよく見れば、標高差は10メートルに満たないが線路が通っているのは台地上で、そこから豊川の沖積地との間には崖線(がいせん)が線路と並行している。犬の散歩のおじさんはこの崖下に沿っていくつも洗濯場があったというから、台地の崖下、つまり典型的な

洗濯場踏切周辺。1：25,000「小坂井」平成19年修正×1.10（約1：22,800）に書き込み

段丘崖下の湧水である。

上流側の牛久保駅の近くには「地理院地図」によれば池が描かれている。湧水に祀られている「市杵島姫神社」と弁天池の組み合わせも湧水によく見られるが、ネットの情報によれば池の水は涸れているらしく、グーグルのストリートビューでも草が一面に生えていて水面は認められない。時間の都合で寄り道できなかったが、ここの湧水が涸れたのも同じ水脈切断のためだろうか。

湧水は思えば不思議な現象で、古くから「神の恵み」と崇められ、そこには感謝と畏怖の念を込めて祠や神社が建てられた。その水が得られるところには集落が発達し、日々それは生活や農耕に必須の水として長年にわたって大切に使われていた。しかし工業化されて新たな人工的水循環の巨大システムが「乱入」すれば、ある種の便利と引き替えに繊細な水の道はあっけなく涸れてしまう。おかみさんたちによる井戸端ならぬ洗濯場会議が象徴するコミュニティーも、やはり失われれば復活は難しいのである。

切られ踏切――何が切られていた？

合成地名で名付けられた駅

その名も「切られ踏切」。なんとも強烈な印象である。千葉県南部を東京湾沿いに走る内房線で木更津から2つ目、青堀駅から約1・5キロほど南西へ進んだところだ。地形図によれば歴史の古そうな道が斜めに線路を渡る箇所に設置されている。行政区画は富津市青木で、ちなみに青堀という駅名は青木＋大堀の合成地名でできた青堀村にちなむので、合併で青堀村がなくなって以来、青堀駅の他には青堀小学校、青堀幼稚園などに名残をとどめるのみだ。

東京駅から直通する総武線快速の終点・君津駅で、大貫駅行きの日東交通バスに乗る。私の他に乗客はいない。せっかくなので「富津中学のあたりへ行きたい」と言うと、女性運転士さんは、富津中入口で降りればいいと教えてくれた。そこから踏切までは歩いて1・1キロほどである。この場面で「切られ踏切へ行きたいんですが……」などと直接的に尋ねるなど、世間体を少しは気にする私にはなかなかできない。

富津中入口で下車。走り去ったバスを見送り、富津中学校の方へ歩く。最初に渡った「第二青木踏切」は、大字の地名をそのまま使ったオーソドックスなものだった。踏切の

「切られ踏切」の全景。右は森、左はソーラーパネルが並ぶ太陽光発電施設

踏切に掲げられた看板。こうやって堂々と出されると迫力がある

札によればここは起点の蘇我駅から数えて75番目、距離は42キロ989メートル地点。幅員は6・6メートルだ。渡ってすぐ左へ折れて青木の集落東端を古い細道でたどっていくと、ほどなく次の踏切が見えてきた。近づいてみれば、なるほど事前情報の通り「切られ踏切道」の堂々たる看板がかかっているではないか。

先ほどは第二青木「踏切」だったのに、今回は「道」が付いているのはなぜだろう（法律用語としては「踏切道」で正しいのだが）。その下には起点から76番目で蘇我駅起点43キロ355メートル。幅員は5・5メートルと少し狭い。もちろん「切られ」に関する由来を記した説明板などない。

江戸時代に何があった？

誰かに話を聞くため、さっそく青木の集落の方へ戻ってみた。ちょうど軽トラックを降りて畑へ入っていった爺さんがいたので、呼び止めて尋ねてみる。70代前半と思いきや、80歳を超えているという。

「切られ、って珍しい踏切ですよね。何か由来をご存じですか」

「近くにお仕置き場っていうのかな。刑場があったとは聞いてるけど。詳しくは知らねー

踏切脇に広がる森。地元の子供にとっては
昔から「コワイ所」だったらしい

な。あんた何調べてんの？」

「珍しい踏切の名前を……」

「へえ、いい身分だねえ」

「そういえば、いい身分です」

「お供したいぐらいだよ。ははは」

「あの家なら知ってんじゃねえの」と教えてくれた家を訪ねてみた。当惑顔の若奥さんが奥に入って連れてきたおじさんも戸惑った雰囲気で、

「子供の頃から聞いている話では、刑場があったそうですよ。あのあたりは鬱蒼としていて寂しい所でした。刑場だったのは江戸時代だろうけど。具体的には知りません。踏切の手前も向こう側もウチの土地だったんですけど、線路ができたときに切られて……」

それで「切られ」なのかと尋ねたが一笑に付されてしまった。そんな駄洒落じゃあるまいし。他にもう1人聞いてみたが、昔あった刑場にちなむという点では一致している。ひょっとして小字の地名ではありませんか、と問えば全員が否定した。それにしても「元

「刑場踏切」「刑場跡踏切」とか「仕置場踏切」というならまだしも、「切られ」というのは尋常ではない。受動態になっていることから見れば、住民は切(斬)られた罪人の側に立っているようにも思える。処罰する側からすれば「斬首踏切」(首とは限らないが……)といった発想になりそうなものだ。

100年前に設置された踏切

富津市役所が近くにあるので、5階の教育委員会へ行ってみた。ネットが普及する以前は、よく市町村の役場に地名について電話で質問したものだが、必ず教育委員会に回されたからである。対応してくれた職員の方は「私も気になって調べたことがあるんですよ」とのこと。なんという偶然だろうか。あの場所には飯野藩の刑場があったと明言してくれた。

彼は以前にJR方面にも問い合わせて踏切名決定の経緯を調べてみたが結局わからなかったという。そもそも旧国鉄が踏切に固有名詞を付け始めたのは相当古くからのようで、私もその命名基準など知りたい気持ちは常に持っているが、踏切設置に関しては国鉄本社ではなく管理局の仕事だそうだ。ある旧国鉄関係者によれば、それらの文書はすでに「事案終了をもって廃棄」された可能性が高いという。踏切が設置されたと思われる大正4（1915）年はもう100年以上も昔の話である。

飯野藩について私はまったく無知で、数ある千葉県の小藩のひとつとして聞いたことがある程度だ。この藩は上総国周准郡と隣の望陀郡を中心とする村を領地とし、遠く摂津国の4郡にも飛地があった。1万7千石という小藩ながらその藩庁のあった飯野陣屋（下飯野）は「日本三大陣屋」のひとつに数えられるほど巨大で、四周を巡る濠は現存しており、地形図にもしっかり描かれている。切られ踏切はこの陣屋から西へちょうど900メートルほどと近く、藩庁の近くに刑場があったというのは納得できる。

ネットで調べてみると、さすがこれだけインパクトの強い踏切名だけあって、何人かが取り上げていた。お決まりの心霊スポット扱いもされていたが、「ノコノコ踏切日記」には歌舞伎の「切られ与三郎」に関連があるのでは、という書き込みがある。私と同じように踏切を訪ねて回っている物好きな人がいるのは嬉しくなるが、それはともかく、この物語では与三郎がお富さんに初めて出会うのが木更津の浜だそうだ。飯野藩庁よりは遠いものの、木更津といえば青堀から2駅だから意外に近所の話ではないか。さて刑場跡地に踏

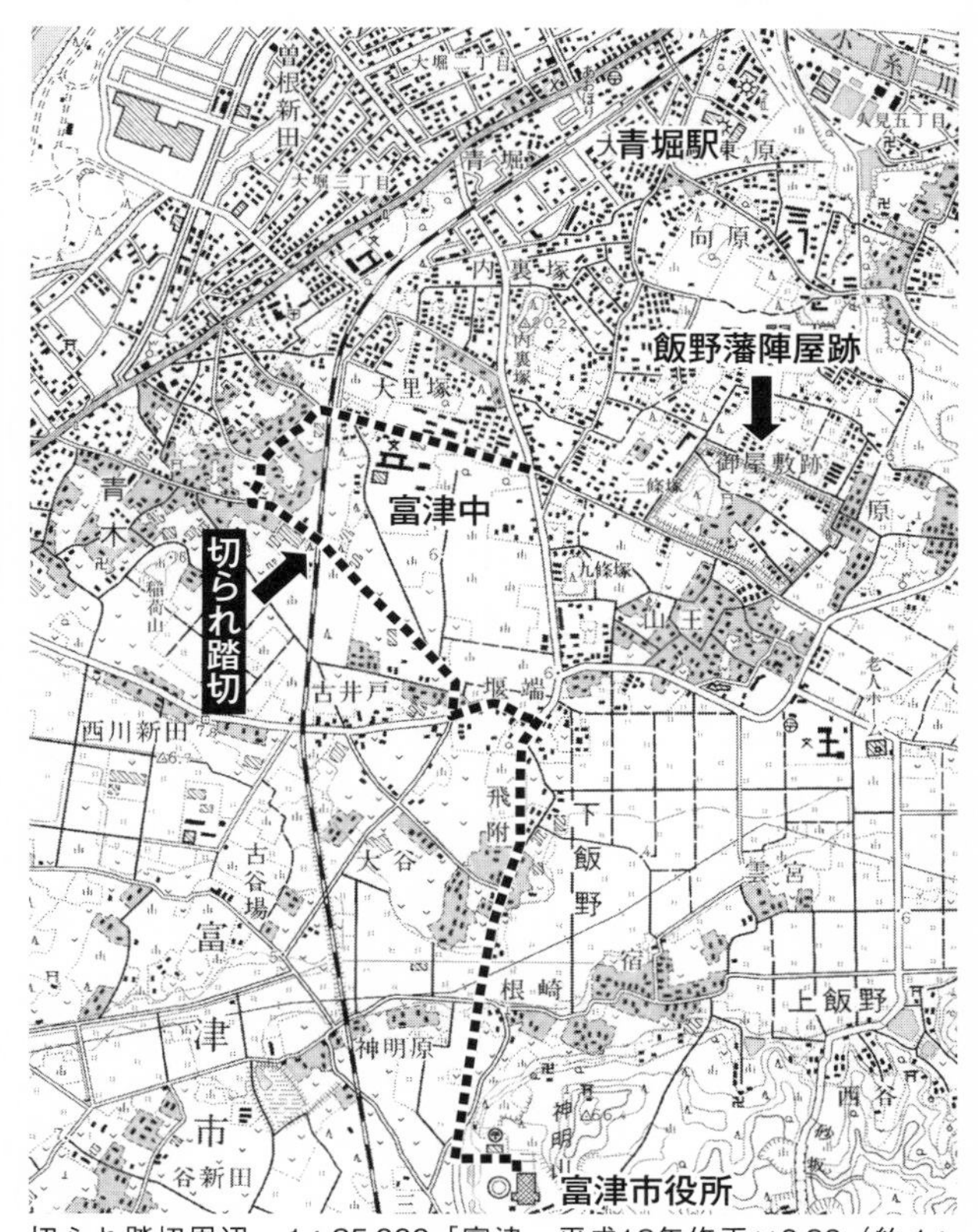

切られ踏切周辺。1：25,000「富津」平成12年修正×0.80（約1：31,300）に書き込み

切を設置する段になって、当時の歌舞伎マニアの鉄道院職員が、「刑場踏切」のような露骨なのじゃなくて、与三郎にちなんで「切られ踏切」はどうだと提案……。そんな妄想もあながち外れていないのではないだろうか。

汽船場海岸通り踏切・靴屋踏切——賑わいのあとには

死語になった「汽船」

ちょうど春休みの内房線普通列車には、大学のサークル合宿へ向かうと思われる女子3人が賑やかに乗っていた。館山駅で降り、すぐ先にある踏切へ急ぐ。

この通りは国道から海岸へ出る通路なので交通量が多い。その名も汽船場海岸通り踏切というから、昔は汽船が発着する桟橋へ向かう通りだったのだろう。「汽船」という言葉はもはや死語になりつつあるが、汽船場はさらに古色蒼然たる響きがする。

渡ったすぐ先には大きな寿司屋が兜のような入母屋風の立派な建物を構えている。さっそく海岸の方へ歩いてみた。400メートルほどですぐ海岸通りに突き当たり、その向こうは海だ。沖に向かって2本の突堤が伸びているが、かつて汽船が発着していた頃のものかどうかは判然としない。そもそもいつまで汽船がここに来ていたのだろうか。

汽船場海岸通りの西の突き当たり、つまり海のすぐ手前には「館山旅館」がある。汽船場健在なりし頃は、船を降りてここへ投宿する人も多かったに違いない。何度か声をかけた後に現われたおかみさんは、昔のことは知らないという。ただ「東海汽船がそこに着いていた」ことだけは明言してくれた。

さて、館山まで鉄道が開通したのは大正8（1919）年のことである。千葉方面から少しずつ線路を延伸しながらであるが、令和元（2019）年でちょうど100周年になる。その頃の駅の所在地は安房（あわ）郡北条町で、南隣の館山町とは別の自治体だったこともあり、当時は安房北条駅と称していた。

汽車が通る前は汽船が通じていたはずと思って、帰宅後に大正4（1915）年の時刻表『汽車汽船旅行案内』を調べてみると、東京（竹芝桟橋？）から北条までは最も速い便で5時間40分。遅い便が7時間50分、夜行は9時間である。所要時間が違うのは横浜や横須賀を経由するか、沿岸の金谷、保田（ほた）、勝山などに寄港するかどうかによるものだ。

かつて東京からの船が着いた桟橋へ向かう汽船場海岸通り踏切

東海汽船の船が着いたらしい桟橋付近は閑散とした佇まい

確かにあった靴屋

ついでに近所の靴屋踏切へ行ってみた。たぶんとっくの昔に靴屋さんは廃業していると踏んでいたが、もし今も靴屋さんがあれば、それはそれで面白い。汽船場海岸通り踏切を東へ進むとすぐ旧館山街道と交差するので右に折れて南へ向かう。

汐入川の支流の境川に沿って少し歩くと靴屋踏切である。靴屋どころか商店がある気配もまったくない。木工所の隣ではあるが、靴屋さんがあったとすればどこだろうか。

館山市立図書館がほど近いので、そちらで調べてみようと歩いて北上する途中で、頬被りして庭の草刈りにいそしむ私と同年代くらいの女性に声をかけてみた。今は別のところに住んでいるのだが、たまにこの実家に帰って風を通し、庭の手入れなどをしているという。誠実な人である。靴屋さんは……。

「そうですね。10年くらい前までありましたか」

「ということは平成の20年……」

「ごめんなさい。もっと昔ですね」

「10年、20年の勘違いはよくあります」

「私が中学校へ通っている時には靴屋さんが踏切の南側にあって、学校の行き帰りによく覗いてました。境川と線路の間です。今は空き地でしたっけ。あの当時はお爺さんが1人でやっていたから、そういえば店を閉めたのもだいぶ前ですね。それでも中学を卒業してしばらくはあったから……30年くらい前かな」

　生年を聞くのは憚られるが、だいぶ昔に靴屋さんが実在したことは確かめられた。あとは図書館へ行って調べることに。

かつてすぐ近くに靴店があった証人の靴屋踏切

汽船がもたらした賑わい

　まずは汽船場の話を『館山市史』（館山市史編纂委員会、昭和56年）で、いつ頃まで定期航路があったのか調べてみた。昭和48（1973）年発行の市史『別冊』には「夏季航路廃止となる」という小見出しがあって、昭和46年夏を前に中止が決まったという。

　鉄道がなかった時代は東京へ出るにはこの航路が最短コースだったことが記されている。汽車が走るようになってからも運航は続けられていたようで、戦後の昭和24（1949）年に航路が復活したというから、おそらく戦争中は休止していたのだろう。ところが国鉄のスピードアップに加えてマイカーの増加と道路事情の好転、さらに航路の勝山寄港による所要時間の増加（東京〜勝山〜館山5時間）もあって乗船客が減少したようだ。昭和30（1955）年には1日だけで4千人を乗せたこともあった航路だが、昭和45（1970）年には7月10日から8月23日の夏休みシーズンを合わせてもわずか7千人にまで落ち込んでいる。東海汽船としてもこれ以上赤字を出して運航を続けることは困難だとして廃止が決まったという。

あとは靴屋だ。これは住宅地図で調べるしかないが、係員の方が奥から最も古い昭和46（1971）年から70年代のものを何冊か出してくれた。これによれば昭和53（1978）年には「森山クツ店」とあったが、同55年からは「森山」と個人名だけになっていたので、その間に閉店したのだろう（54年版は蔵書になかった）。当時の住宅地図は手書きで、画数の多い漢字はカナ書きされることも多かったから、正式には「森山靴店」だろう。閉店したのは40年ほども前のことである。まさに光陰矢の如しだ。

昭和46年の住宅地図で汽船場海岸通りを見ると、海岸の側から伊東旅館、小松屋旅館、

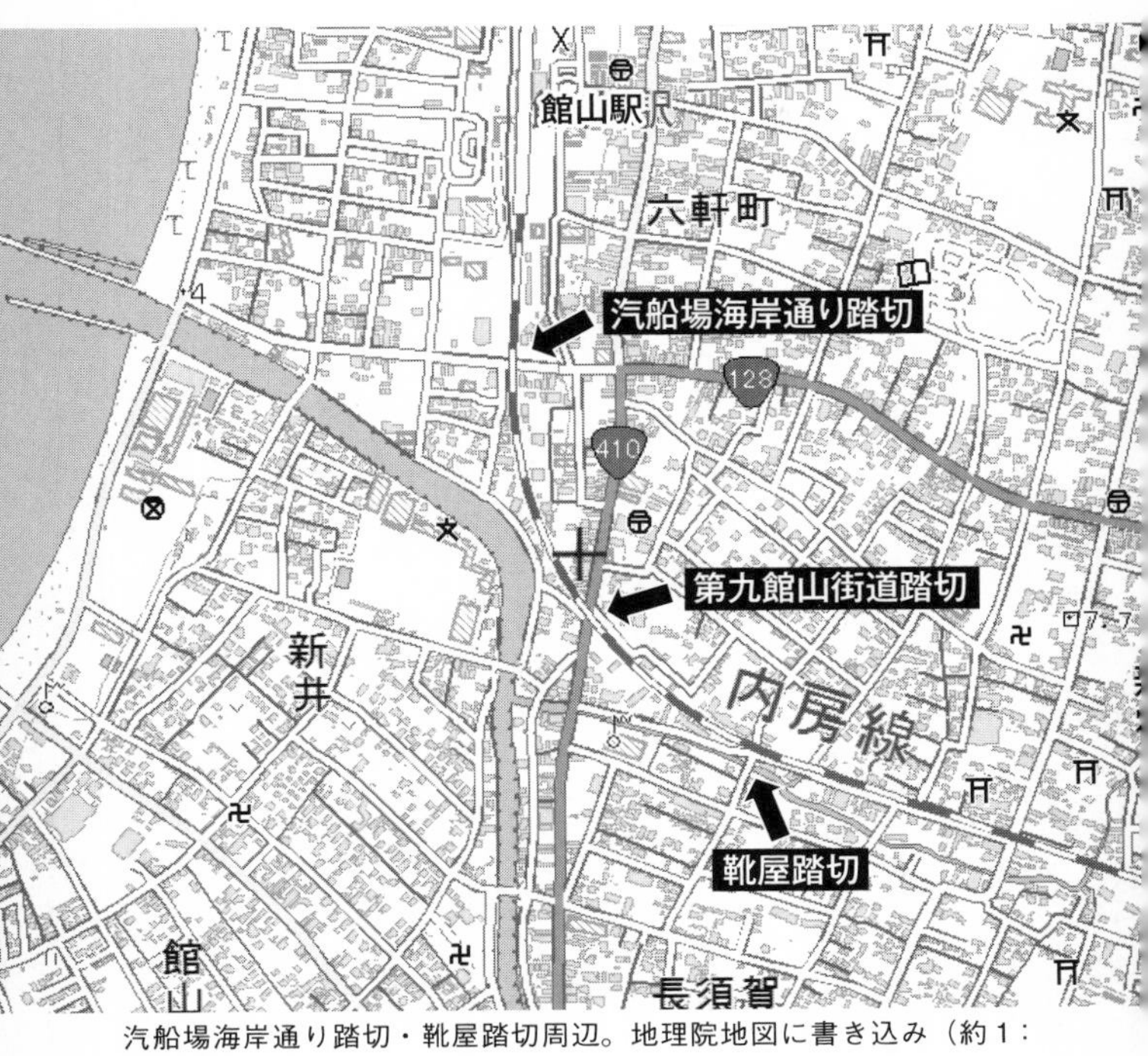

汽船場海岸通り踏切・靴屋踏切周辺。地理院地図に書き込み（約1：13,200）

十五夜旅館、小沢旅館。そこで汐入川を渡って小笠原旅館と多数ある。そして例の踏切を渡ったすぐ東側には旅館熱海荘。半世紀近く前までは、まさに「汽船場海岸通り」と呼ぶにふさわしい佇まいがあったようだ。

さて、内房線（旧房総西線）は昭和44（1969）年に館山の先の千倉まで電化、さらに同47年には房総初の特急「さざなみ」が走るようになった。スピードで大差をつけられた汽船が撤退するのは当然かもしれないが、鉄道の「栄華」もそれほど長続きしなかった。平成9（1997）年にできた東京湾アクアラインの出現である。さらに館山自動車道という強敵も現われ、高速バスに対して内房線は、今では所要時間でも運賃でも太刀打ちできなくなった。1時間おきに館山駅を発車していた「さざなみ」は今や君津以南の定期列車としては姿を消している。

この100年の主役の変転は実にめまぐるしい。夜行の汽船の2等船室で人々が雑魚寝していた時代に、将来はその海を横断して高速の自動車が短時間で東京駅まで連れて行ってくれるなんて、誰が想像しただろうか。

横断踏切――当たり前すぎて逆に不思議

イメージで改名された？　墓場踏切

神奈川県の国府津（こうづ）（小田原市）から富士山麓の御殿場を経て沼津に至る御殿場線は、昭和９（１９３４）年までは東海道本線だった路線で、味のある名前の踏切が多い。特に集中しているのが裾野〜沼津間で、ざっと挙げれば墓場踏切、煙草屋踏切、特種踏切、天理教踏切……といった具合だ。

最初の墓場踏切は裾野〜長泉（ながいずみ）なめり間にあり、まさに墓地に通じる道の踏切だが、地元にお住まいの人が奇特にもネットに上げられた情報によれば、今では「第二水窪（みずくぼ）踏切」と改められているという。それでも改称前の痕跡が踏切脇の障害物検知装置の機械箱に記されている（証拠写真があった）。いずれにせよ踏切の改称はかなり珍しい。以前に会社の名

大岡駅のすぐ東側にある天理教踏切。目の前がその大教会

を冠した踏切ばかり集まるJR鶴見線で、社名変更や移転に合わせて変えられたケースはいくつか見たが、こちらはやはり昨今の「イメージ重視」の流れだろうか。

そんなわけで墓場踏切はパスし、沼津駅の隣の大岡駅から東へ歩いて「天理教」と「煙草屋」、そして「特種」の3カ所を回ってみることにした。まずは大岡駅のホーム東端に面した天理教踏切である。行ってみるとすぐ目の前に巨大な瓦屋根の建物があった。まさにそのものズバリで天理教嶽東大教会。「嶽東」は富士山の東という意味だろうか。現地でこの壮麗な建物を見れば、地名より何よりこう名づけたくなるのが人情だ。

帰宅して改めて旧版地形図を調べてみると、たまたま持っていた昭和31（1956）年修正の地形図に「天理教会」と載っており、戦前の5万分の1地形図にもそれらしき大きな建物が描かれていたから、さらに歴史は遡れそうだ。

この細道は意外に自動車の通行が多いのだが、これをまっすぐ南下した東海道本線の踏切名は「箱根裏街道踏切」。裾野方面からの道だが、これをさらに南へ行けば旧東海道に合流する。かつては東海道のバイパス的な役割を果たしていたのだろう。新旧の地図や市街地図でもこの街道名は見当たらないが、通称にせよ昔の道の名前を保存する踏切名の重要性を物語るものだ。

世にもスペシャルな踏切?

次の踏切が特種踏切。特種というのだから、第一種から第四種までの踏切の種別のどれにも当てはまらないスペシャルな踏切なのか、いずれにせよ何か特種(特殊)な事情があるのかと期待が高まったが、詳しい市街地図を調べたらすぐに謎は氷解した。

何のことはない、特種東海製紙という会社の工場の目の前である。元は特種製紙だったが、平成19(2007)年に東海パルプと合併して現社名になった。同社のサイトによれば「特殊素材」(特種ではない)には「たとえばお菓子の美味しさを引き立てるパッケージ、作品の個性を際立たせるブックデザイン、偽造を防止する有価証券、プライバシーを守る親展ハガキ用紙など」とあるように、文字通り特種な紙がこの会社の強みだ。

周知の通り富士山麓の製紙工業は江戸期の和紙に始まり、明治期には洋紙工場が大々的

特種東海製紙の工場横の特種踏切

に進出しているから、日本随一の製紙工業地帯ならではの踏切名と言える。大きな工場なので、その南端に面した東海道本線にも同名の特種踏切がある。

御殿場線の特種踏切の少し北側の煙草屋踏切にも行ってみたが、予想通り煙草屋の片鱗もない。住宅地のまん中だが、通行人もいないので通り過ぎるだけで済ませる。煙草屋踏切より気になる踏切を事前に見つけていたからだ。

その名も横断踏切。東海道本線の特種踏切から三島駅寄りに860メートルほど進んだ所にある。三島駅からも西へ1キロ弱。考えてみれば踏切が道路を横断するのは当然であり、そんな名前をつけるからには、それなりの深い理由があるに違いない。

このあたりに駿豆鉄道（現伊豆箱根鉄道駿豆線）の廃線跡があるのは以前から知っていた。国土地理院の空中写真（ネットで閲覧可）やグーグルアースで簡単に見られるのだが、この区間は戸建ての住宅が廃線跡にお行儀良く並んでいるため、家々が廃線のラインを描いて

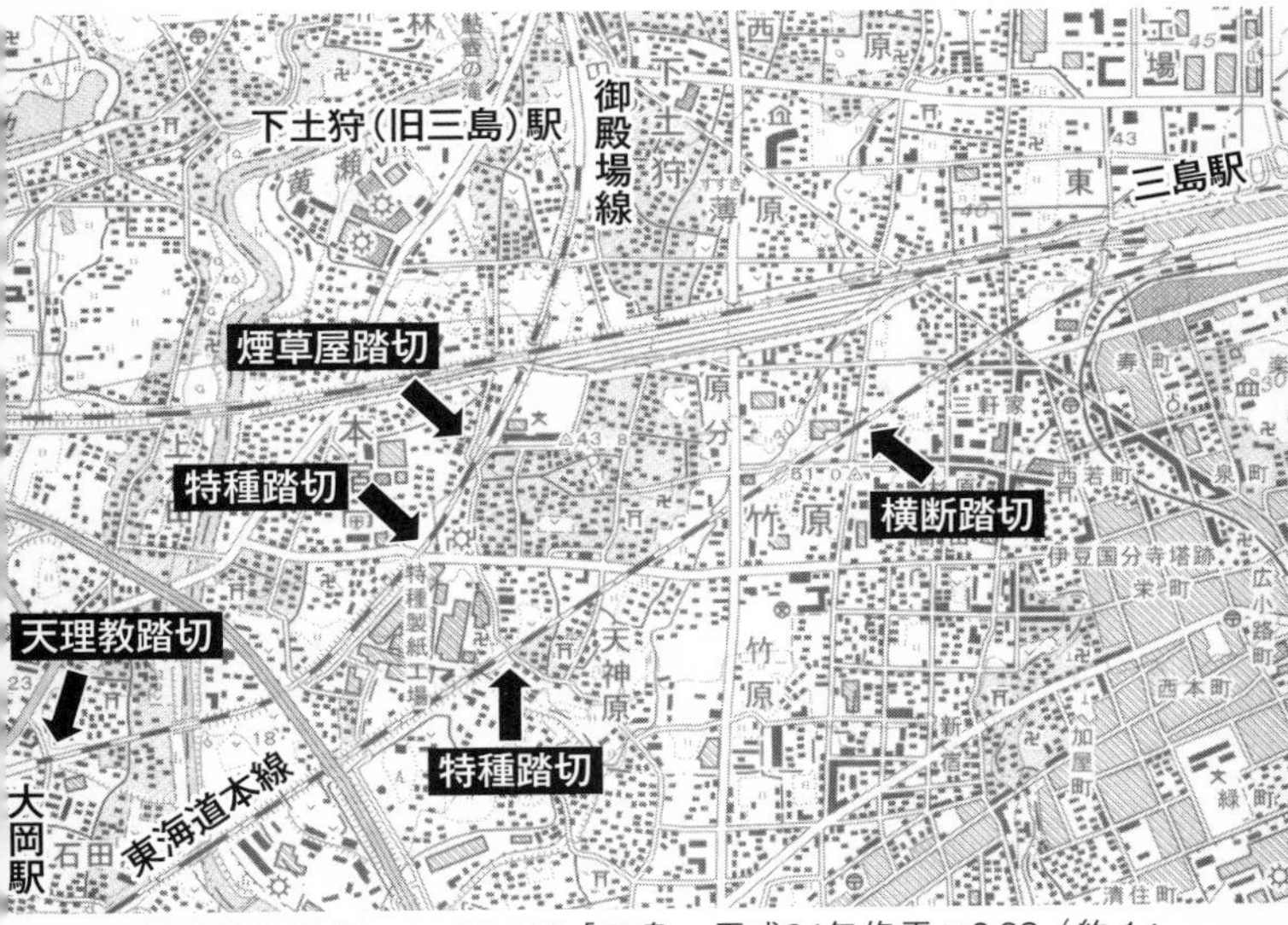

横断踏切周辺。1：25,000「三島」平成24年修正×0.92（約1：27,100）に書き込み

謎の横断踏切は駿豆鉄道（伊豆箱根鉄道）の廃線と東海道本線の交差地点付近に……

いる。この線は東海道本線の三島駅が移転したのに伴って駿豆鉄道が起点を新しい三島駅に変更した際に廃止された区間のものだ。

横断踏切の真実

明治22（1889）年に東海道本線が開通した時に三島駅はなかった。元は現在の御殿場線ルートを走っていたため三島の市街地とはだいぶ距離があり、当初このあたりに設けられた駅も佐野（現裾野）と沼津のみ。しかし三島の町としては宿場の通過旅客の激減と鉄道の利便性の周知により、ここに駅を設置したいとの要望が高まってきた。そんな時期に駿豆鉄道の前身・豆相（ずそう）鉄道が沼津駅から三島、大仁（おおひと）方面への敷設計画を立ち上げた。起点は沼津をやめて現在の御殿場線下土狩（しもとがり）駅の場所に三島駅（初代）を新設し、そこを起点とすることになったのである。三島の市街地には三島町（現三島田町）駅が設置された。

大正に入ると東海道本線の輸送量は貨客ともに激増し、補助機関車の必要な東海道本線の急勾配区間がネックとなるため、国府津〜沼津間を丹那トンネル経由の現在線に付け替えることとなった。同トンネルは16年にわたる難工事の末に貫通、昭和9（1934）年12月1日から東海道本線は新線経由となったのである。

このときに新設されたのが現在の三島駅で、旧三島駅を起点としていた駿豆鉄道（旧豆相鉄道）も起点を新しい三島駅に変更した。12月1日に新しい東海道本線が開通したのだが、前日の11月30日までは駿豆鉄道が旧ルートを走っていたはずである。つまり両線の交差地点では駿豆鉄道の列車が西北西〜東南東方向に走っていたのが、間髪容れずに（夜行列車などどうしたのだろうか？）西南西〜東北東方向に東海道本線の列車が走り始めるという具合である。同時に両者が走ることはないので現地は「平面交差」しており、東海道の方は駿豆の線路際ギリギリまでレールを敷いておき、駿豆の終列車が通過した後にそちらのレールをはがし、東海道側のレールを接続したはずだ。その作業が何時間で終わったかは知らないが、難工事の丹那トンネルがやっと開通という晴れの新線開通だから、周到に準備が進められたに違いない。

駿豆鉄道の旧線跡には家が建ち、小川を渡るレンガの橋台が廃線を証明していた

さて、横断踏切はその交差地点のわずか35メートルほど南西側である。私は形状としてまさに平面交差であっ

たこの「横断地点」にちなんで名付けられたに違いないと確信した。昭和16（1941）年に陸軍が撮影した空中写真（国土地理院のサイトで閲覧可）にも踏切は確認できたが、周囲は田んぼである。目ぼしい建物もなく、この「横断」を踏切名に採用する価値はあったはずだ。

念のため横断という地名がなかったか長泉町大字下土狩の小字を調べてみたら、似ているものに横溝・下横溝・横田の3つが該当した（断の字はなし）。場所は新幹線の車両基地の南側に横溝と下横溝、横断踏切のだいぶ東に横田が存在することがわかったが、それらの地名と横断を間違うとは考えにくい。

踏切近くの戸建てでプランターに水やりをしていた80代あたりの婦人に聞いてみたら、間近なのに踏切の名前もご存じでなく、横断という地名があったのでしょうかと聞けば「聞いたこともありません」と否定した。私の想像した「新旧線路の横断説」が正しいかどうか確認する術はなさそうだが、きっと間違いない。これを明確に否定する読者諸賢の反証を楽しみにお待ちする次第である。

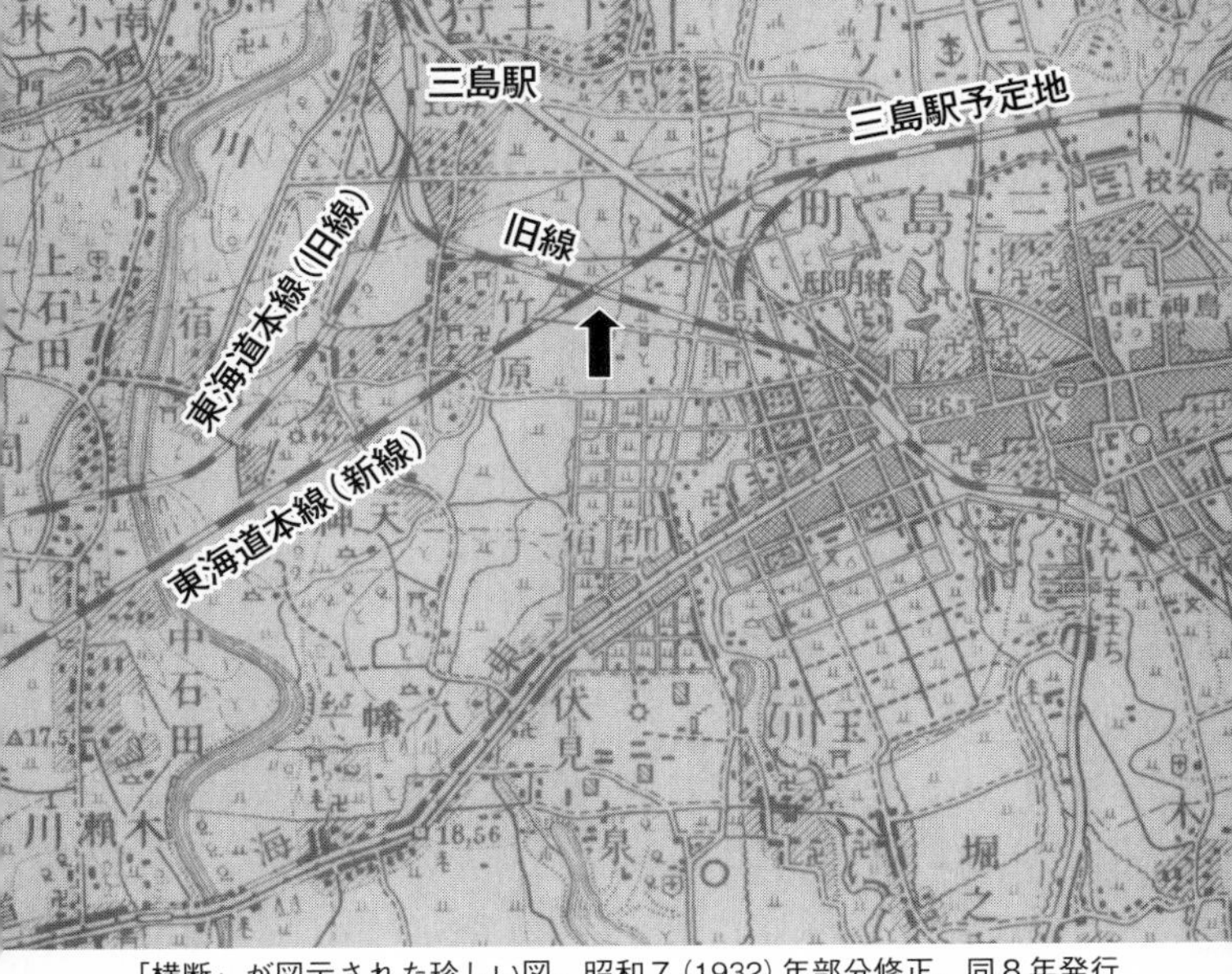

「横断」が図示された珍しい図。昭和7(1932)年部分修正、同8年発行の戦時改描版。見事に未開通の東海道本線と新旧の駿豆鉄道のラインをどちらも「現役線」として描いてしまっていて、「横断」の様子を実感することができる(矢印)。1:50,000「沼津」昭和7年部分修正×1.25(約1:40,100)に書き込み

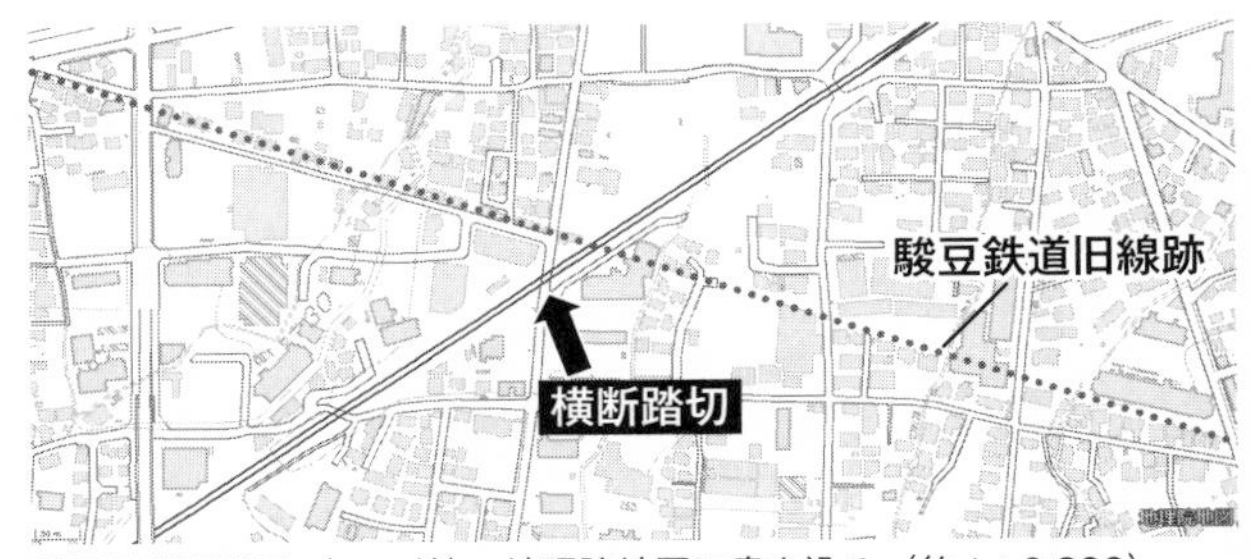

駿豆鉄道旧線跡(……線)。地理院地図に書き込み(約1:9,200)

ファッション通り踏切——石炭の街になぜ？

消えた夕張鉄道と若菜駅

夕張市といえば、北海道で最も人口減少の大きい都市のひとつである。大都市から離れた典型的炭鉱都市であったため、エネルギー事情の変化で閉山が相次ぐや、有効な歯止め策も見当たらないまま人は次々と他所へ去っていった。最盛期の昭和35（1960）年には11・7万人を記録し、札幌、函館、小樽、旭川、釧路、室蘭に次ぐ道内7位を誇った人口も、現在ではその約7パーセントに過ぎない8286人（平成30年4月30日）。夕張メロンの成功という明るい話題もある一方で、スキーリゾート開発などの巨額投資で負債が膨らみ、ついに財政破綻に追い込まれている。

その夕張市に唯一残った鉄道が石勝線の夕張支線だ。かつてこの路線（旧夕張線）は石炭列車の多さに複線化されていたこともある。戦後しばらくは石炭の積み出しが多く、昭和40（1965）年度には市内各駅の石炭の発送は合計約214万トンに達した。閉山後はもちろん貨物輸送は廃止され、今では1両編成の気動車が1日5往復走るのみ（その後夕張支線は平成31年4月1日付で廃止）。

その炭鉱イメージとはかけ離れた「ファッション通り踏切」が線内鹿ノ谷（しかのたに）～夕張間にあ

意外に長かった旧若菜駅ホーム跡

若菜駅前通り踏切。一段高い築堤上が夕張鉄道の廃線跡

る。石炭の街にファッションという語彙はかなり違和感を覚えるが、美しく装いたい思いはどこでも同じという妙にリアルな感触もあって訪ねてみた。

札幌から直通のバスで夕張テニスコート前に着いたが、まずは、もうひとつ訪問したかった「若菜駅前通り踏切」へ行ってみよう。

バスを降りてから10分ほども歩いただろうか。交番を左へ入るとすぐ若菜駅前通り踏切であった。駅前と名乗ってはいるものの、若菜駅は現存しない。昭和46（1971）年に廃止された夕張鉄道のもので、消えた駅名をこの踏切が「記念碑」として今も守り続けているのだ。

若菜はかつて若菜辺（わかなべ）という地名で、地名辞典の類によればワッカナンペッ（水の冷たい沢）が転訛したらしい。かつては若鍋と書いたのだが、若鍋炭鉱で大正3（1914）年にガス炭塵爆発があり、「鍋は火を呼ぶ」として表記を変えた。常に危険と背中合わせの現場であるから、地名に縁起を担ぐのは無理もない。

夕張支線のレールのすぐ向こう側には、一段高くなった夕張鉄道の廃線跡が明瞭である。低い築堤を上ってみるとプラットホームの石積みが残っていた。4〜5両ほどの客車が停められるだろうか。長い立派なホームだが、当然ながら屋根もベンチも、もちろん若菜を

夕張の旧市街とその南端にかつて存在した若菜駅。1：50,000「夕張」昭和47年修正×0.92（約1：54,500）に書き込み

名乗っていたであろう駅名標も撤去されていた。

炭鉱閉山の影響を受けた女学院

もと来た方へ引き返してファッション通り踏切へ向かう。実は来る前に北海道の鉄道の「生き字引」のような早川淳一さんに由来を聞いていた。さすがにマイナーな踏切分野では詳しくないだろうと思ったが、すでに調べはついていた。彼の話によればこの踏切の近くには夕張ドレスメーカー女学院があり、運営していたのが「ファッション洋裁学院」とのこと。

まずは保健福祉センター内の図書コーナーに立ち寄り『夕張市史　上巻』（夕張市史編さん委員会編、昭和56年）で学校の項を調べてみると、夕張ドレスメーカー女学院がひと項目を割いて記載されていた。昭和26（1951）年にここ鹿の谷一丁目に開設されたという。生徒数は多い年で170名を超え、昭和51（1976）年度までの延べ人数は1231人。教職員は多い年で専任9人を擁していた。その後は過疎化のあおりを受けて苦しい経営を強いられながらも「昭和54年現在なお存続」とある。

その後平成3（1991）年に出た『追補　夕張市史』によれば、各種学校は昭和50年代から休校が目立つようになり、炭鉱閉山の影響を受けて激減したことが記されている。追補版では昭和54年に3つあった和洋裁学校は同57年に2校、60年以来1校のみという。この追補版の編集時に存在したのは「夕張ドレスメーカー女学院」のみとしており、いくつもあった和洋裁学校の最後がこのファッション通り踏切近くの学校だったことが判明した。

最近まで存在していた建物

図書コーナーを出て件の踏切へ向かった。途中で鹿ノ谷駅に立ち寄る。ここはかつて夕張線と夕張鉄道の連絡駅だったこともあり、石炭車が多数停まっていたと思われるヤードの跡地が広がる中で、ホーム1本と駅舎がぽつんと残るのみであった。駅舎へ入ってみると誰もいない。ＪＲ北海道が平成28（２０１６）年に発表した「極端にご利用の少ない駅」の中で、鹿ノ谷駅は「1日10人以下」となっており、利用がおそらく上り方面に限られるとすれば1列車あたり多くても2人ということになる。

『夕張市史』によれば、人口が最大を記録した昭和35（１９６０）年度の乗車数は57万１７４０人というから、１日あたりに直せば１５６６人。当時の列車本数が翌36年の時刻表

第五志幌加別川橋梁

の通りだとすれば準急2往復を含む14往復だから、少なくとも1列車ごとに100人前後は乗っていた勘定になる。思えばその当時に自家用車を持つ人はわずかであり、炭鉱の労働者に加えて関連会社への通勤客、夕張北高校と夕張工業高校の生徒、それに件のドレメのお姉さんたちも利用していたはずだ。

ほどなく志幌加別川（しほろかべつ）を渡る。夕張支線の鉄橋の手前には複線時代の遺構の橋桁が今も架かり、少し離れた向こう側にはこれも廃止されて久しい夕張鉄道の橋台上に高く伸びた白樺が長い歳月を思わせる。少し歩けば閉まった商店の少し向こうにファッション通り踏切はあった。非常ボタンに添えられたプレートにはその通りの名前が記されていたが、打ち付けられた黄色いメイン看板にはただ「ファッション」とある。ふつうは○○踏切とフルネームなのだが、ここは「通り」も「踏切」も一切省略して断言しているので、まるでここがファッション発祥の地のようだ。

すぐ近くの末広団地から歩いてきた70代とおぼしきご婦人に聞いてみると、ドレメはだいぶ前に閉鎖されたけれど建物は長らくそのままで、つい3年ほど前に取り壊されたのだという（実は平成24年であったことが後に判明）。場所は踏切のすぐ近くで、線路より一段高い通りに面したところだ。まだドレメがあった頃は、娘さんたちがすぐそこの手芸屋さんで糸や材料を買って学校へ向かう姿をよく見かけたそうだ。

夕張最後のドレメはどうやら平成に入ってほどなく休校になったらしいが、その頃に20歳だった娘さんも今や50歳に近い。平成元年の人口は2万4440人なので、それからで

シンプルなプレートが目立つ

ファッション通り踏切。ドレスメーカー女学院は左上すぐ近くにあった

ファッション通り踏切周辺。地理院地図に書き込み（約1：25,200）

も3分の1に減っている。卒業生たちはその後どうしているだろうか。

そもそも鉱山町というものは、稼働し始めるや全国から多く人が集まり、閉山となれば仕事がなくなるのだから必然的に人口は急減していく。エネルギー政策や鉱物の価格競争などに翻弄された結果であるのは間違いないが、仕事があってもなくても、ここに長年住んだ人にとっては大切な唯一の故郷である。

若いお嬢さんたちが手芸屋さんから賑やかにドレメへの坂を上っていた頃を思い起こさせてくれるこの踏切も、夕張支線の平成31（2019）年4月1日に廃止された今、彼女たちの思い出を語る貴重な記念碑がひっそりと失われるのも時間の問題だろう。

豆腐屋踏切——昔ながらの営みを伝える

その名も養老院踏切

三重県にJR名松線というローカル線がある。松阪から名張を結ぼうとして建設されたのはいいが、いろいろな事情で近鉄の前身・参宮急行電鉄がこの区間をだいぶ近道して先に建設したこともあって、名松線は途中の伊勢奥津という山間の小さな宿場町まで来たところで途方に暮れて、かどうかは知らないが建設の意義が失われたため以遠の建設はストップしてしまった。

今は津市に入った旧白山町の家城から先は雲出川の渓谷を遡る区間で、しばしば線路が水をかぶったり鉄橋が流されたりして長い運休を強いられてきた。そのたびにいよいよ廃止かと何度も噂されているわりには、意外にといっては失礼ながら今日も1~2両編成の気動車が毎日元気に高校生などを運んでいる。

この名松線の起点・松阪駅から数えて2つ目に権現前（ごんげんまえ）という駅があり、その北側にある踏切が第一の目的地だ。列車の少ないこのローカル線で権現前まで行くのは手間なので、踏切に最も近い近鉄の伊勢中川駅を利用した。この駅は大阪線・名古屋線・山田線の3線のジャンクションで、名古屋から特急列車に乗ればちょうど1時間しかかからない。

拠点駅とはいえ区画整理のできた駅の西口は閑散としており、大半の特急が停車する駅とは思えないが、少し歩けば古い家並みの初瀬街道に出る。平安時代からという式内小川神社（明治期に合祀・旧中川村社）やいくつかの寺も集まり、中川という村の歴史を感じさせる。さらに少し南下すると初瀬街道から右手へ分岐するこちらも古そうな道をたどれば踏切だ。

昔なつかしい響きの踏切

何の変哲もない第一種踏切で、たまにしか来ない列車（正確には1日8往復）のために合計4本の遮断桿は重装備に過ぎる印象である。近づいてみると、やはり養老院踏切。思えばこの養老院という用語はずいぶん久しぶりに聞いた気がする。戦前生まれの親の世代が口にしたのは覚えているが、現在ではそんな用語があったことすら知らない人も多いだろう。

調べてみると養老院は明治28（1895）年に東京市芝区西久保八幡町（現港区虎ノ門五丁目付近）に聖ヒルダ養老院が設立されたのが最初という。奇しくも日本初の電車が京都府で営業運転を始めた年だが、当時の日本社会では「老人は家族が面倒を見るのが当然」とされており、養老院の入所対象は、働くことができず、かつ身寄りのない人、つまり国が面倒を見なければ行き倒れてしまうような老人のみであった。

その根拠法となったのが明治7（1874）年制定の恤救規則である。その後は昭和4（1929）年に救護法ができ、戦後になって同25年にようやく現行の生活保護法が施行された際に養老院が養老施設と名称を変更、その後は東京オリンピック前年の同38年に老人福祉法の制定に伴って養護老人ホームと改称されている。従ってこの踏切が命名されたのも法律用語の通りであれば昭和38（1963）年以前と判断できる。

詳しい地図で踏切の近くに見つけた老人ホームの受付で尋ねてみると、若い男性職員はかの踏切に「養老院」の名が付いていることはご存じでなかった。そもそも踏切に名前があることさえ知らない人が多いので驚かないが、この老人ホームが昭和57（1982）年にできたときには別の名であったことも教えてくれた。おそらく彼が生まれる前の話だから詳細はわからなくても無理はない。養老院と呼ばなくなって久しいこの時代だから、まったく別の施設があったのだろうか。

かつての権現前村に権現前駅

老人ホームにより近い種畜場踏切を渡って線路の東側に出ると再び初瀬街道に出る。この踏切については、近所の家で庭仕事をしていた老主人に聞いたところによれば、種畜場は今は畜産試験場と言っているよと教えてくれた。地図で確かめたら三重県畜産研究所とある。思えば種畜場という言葉も古い。

さらに南へ歩くと、権現前のエリアに入った。これは普通名詞で権現の前という意味ではなく大字の名で、江戸時代には権現前村と称したレッキとした村の名前である。現在は松阪市嬉野(うれしの)権現前町という。地名の由来は『角川日本地名大辞典』によれば「式内社須加神社(権現)の前の集落であることにちなむという」とある。権現とは「権(かり)に現(あら)われる」意で、仏教の仏や菩薩が神道の神という形で仮に現われたとする「本地垂迹(ほんじすいじゃく)」の論理に基づく。

江戸期まではそうやって宗教的な落としどころを見つけていた日本であるが、明治維新後は一転して「廃仏毀釈」という混乱も経た。拝む村人から見ればコトの本質は昔からおそらく変わっていない。もしこの国に宗教的原理主義者が多かったとすれば、今頃は数々の名刹や美しい仏像なども拝めなかっただろうが、幸いそこまで教条的な原理主義は日本には根付かなかったようだ。

松阪の街外れの豆腐屋踏切へ

松阪といえば国学者本居宣長ゆかりの地で、宣長が浜田藩主松平康定から贈られた驛鈴をかたどったモニュメントが松阪駅前には据えられている。驛鈴とは古代に公用で旅行する人が通行証として持ったもので、宣長はそのコレクターだったようだ。

驛鈴のロータリーを横目に伊勢街道を北へ歩く。阪内川を御厨橋で渡れば、遠くに伊勢の穏やかな山並みが続いている。

橋を渡ってすぐ右へ折れると紀勢本線の極楽町踏切だ。非電化で単線の同線と電化複線でしかも標準軌で線路幅の広い近鉄山田線の堂々たる佇まいが対照的である。並走しているので同じ踏切と思いきや、近鉄の踏切名は「松ヶ崎十号踏切道」。関東の私鉄と同じように駅から下り方向に機械的に番号を振っていくタイプだ。踏切から津の方角にあたる

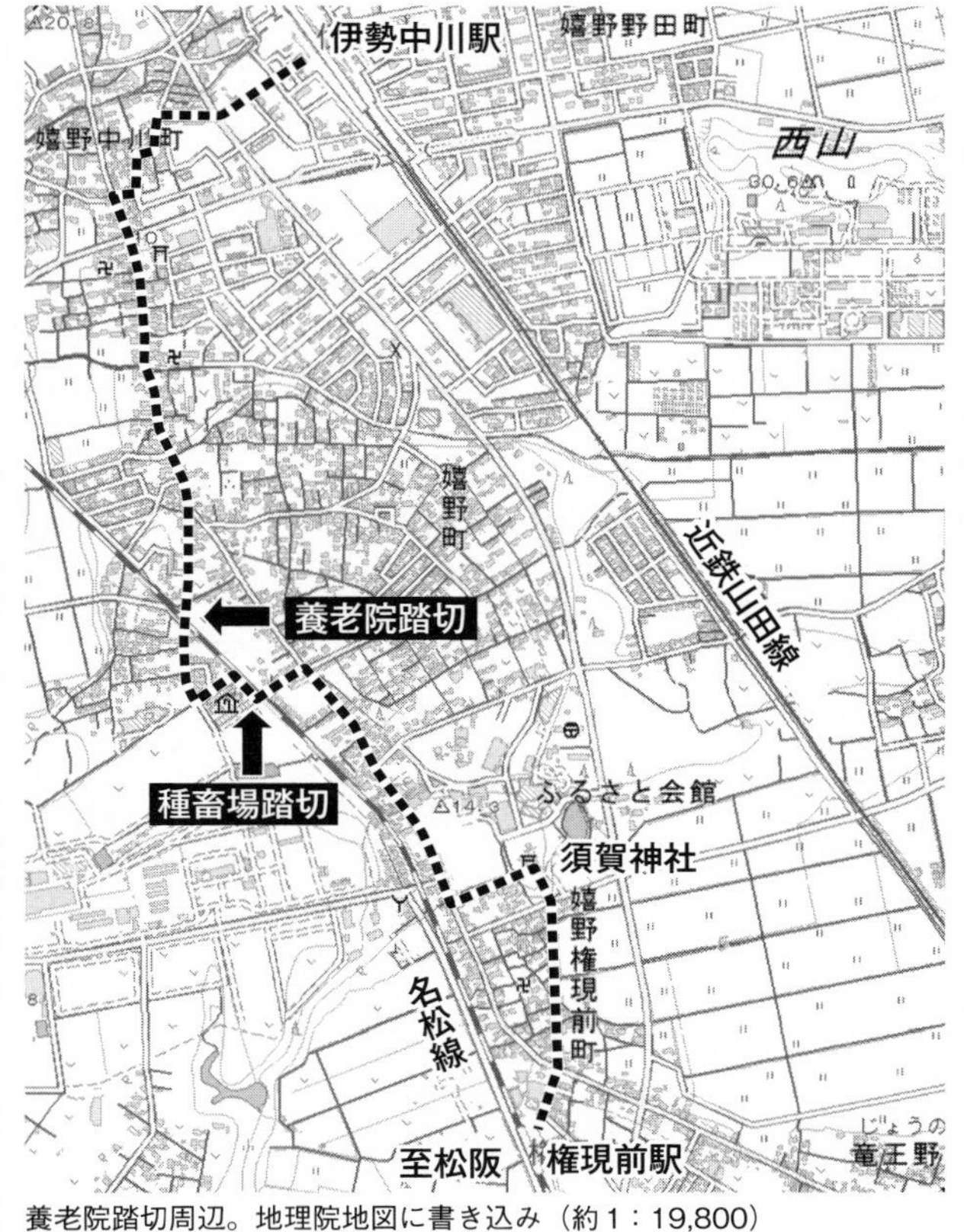

養老院踏切周辺。地理院地図に書き込み（約1：19,800）

北西方を見れば紀勢本線の線路が転轍機で左にレールが分かれていくのが見えるが、これが先ほど乗ってきた名松線の線路だ。その後もしばらく両線は複線のように並走しており、本格的に左右に分かれていくのはここから1・5キロほども先である。

伊勢街道と踏切の中間地点あたりに旧町名を伝える標柱があった。「大橋のたもとの東、阪内川左岸堤防道路の分岐点から堤防に沿う約二〇〇メートルの道筋を指す。御器楽町(ごきらくちょう)と呼ばれていたことが町名の由来というし、また、極楽院という寺が所在していたためその寺名が町名になったともいわれる。現在は西町五丁目に属する」と記されている。

伊勢街道に戻ると再び北西へ向かった。連子格子のある平入りの古い家なども点在し、いかにも昔ながらの街道筋である。昔の地図に従って屈曲するコースを忠実にたどっていくと船江町に入った。この地名は城下町の府内が転じたとも、実際に船が出入りしたことにちなむ説もあるというが、海岸線は実際に2～3キロ先にあるので、船の出入りはありそうな話である。昔ながらの道幅の街道の曲がり角に豆腐屋さんがあった。実はこの先の「豆腐屋踏切」が目的地なのだが、意外なほど手前にある。

その少し先には薬師寺があって、小ぶりながら屋根に鯱(しゃち)の載った立派な山門が街道に面していた。傍らに掲げられた同寺の仁王像の解説には、南伊勢に支配権を確立しようとし

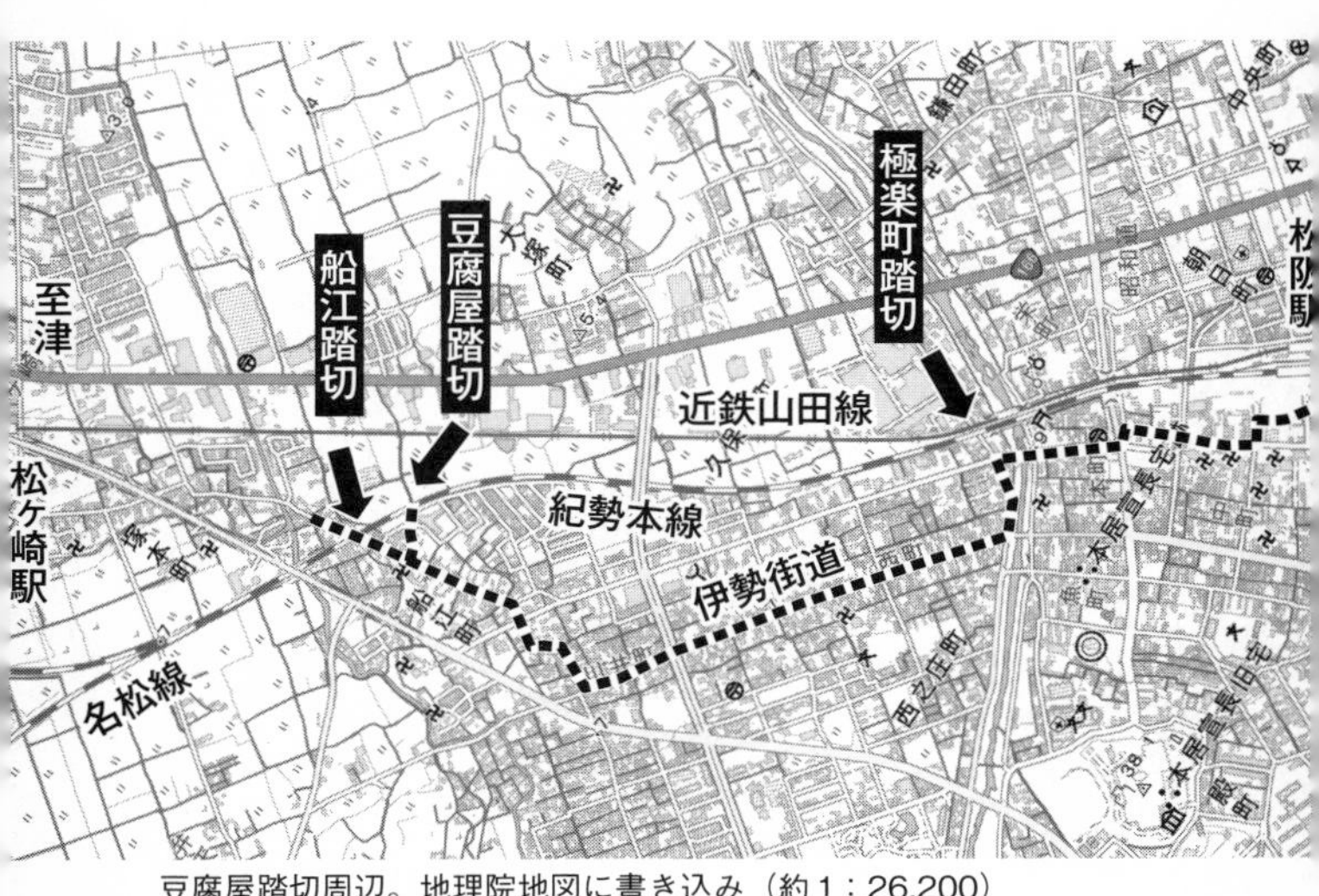

豆腐屋踏切周辺。地理院地図に書き込み（約1：26,200）

ていた織田信長が大河内城を攻めあぐねた際、次男の信雄を北畠家の養子にすることになり、この寺で義父の北畠信意と対面の式が行われたことが記されていた。やはり主要街道ならではのエピソードだが、城は先ほど渡ってきた阪内川のずっと上流にあるというから、先ほど遠望した山々のどこかだろうか。

近接して何軒かあった豆腐屋

目指す踏切は寺の少し北側の細道を右手へ入った保育園の前にあるもので、行ってみると自動車は通れない幅の小さな踏切であった。近鉄の線路はすでに海側に離れてしまったので、紀勢本線と名松線の並走2線のものである。近くを歩いていた2人ほどに聞いてみたが、いずれもここに豆腐屋があったのは記憶にないと申し訳なさそうに答えた。田んぼの向こうに近鉄の電車が通過していく。

隣で伊勢街道が渡る船江踏切を見てから、元の道を引き返した。昔は店だったらしい建物もいくつかあったが、そのどれかが豆腐屋であったかはわからない。先ほどの豆腐屋さんまで来たので、せっかくなので話を聞いてみた。店で数十年は働いたと思われる女性によれば、昔はこの街道沿いに店がたくさんあって、この店以外にも踏切の近くにたしかに豆腐屋があったとのことである。

全国豆腐連合会（全豆連）のホームページにはここ半世紀ほどの豆腐用原料大豆の使用料の推移が表で載っているが、昭和45（1970）年の使用量は36万6千トンで、これが平成元年の49万トンにまで徐々に増え、その後はほぼ横ばいで推移し、平成20年頃からは少しずつ減少している。それでも平成28（2016）年の予測値は45・5万トンというから半世紀前よりは多い。複数軒あった豆腐屋が消えたのは消費量の落ち込みではなく、スーパーや大規模ショッピングセンターの進出が大きいに違いない。鍋などを持って家の前へ買いに出た昔はともかく、豆腐も他の食品とまとめて自動車で買いに行くスタイルに変わったからだろう。道幅の狭い旧街道での商売が成り立ちにくくなったのはある意味で仕方がないが、記念碑と化した豆腐屋踏切は今日も律儀に遮断機を開閉している。

消えた店を名乗り続ける豆腐屋踏切

かじ踏切――火事、家事、舵？

八五郎踏切・ばんじ踏切

秋田駅から乗った男鹿(おが)行きの最新鋭ハイブリッド電車は、ナマハゲをイメージした車両だった。赤鬼と青鬼のように先頭が赤で後の車両が青。側面にはナマハゲのイラストに加えてOGA NAMAHAGE LINEと英字表記もある。いつの間に「男鹿ナマハゲ線」になったのだろう。列車は秋田から途中の追分まで電化された奥羽本線を走るため、この区間では架線から集電して走りつつバッテリーに充電もしてしまう。追分から先の男鹿線内は非電化区間なので、ここからは蓄えた電気で走る。改めて電化するのに比べれば架線などの設備を新たに作らなくていいので設備費は大幅に抑えられるし、当然ながら従来のディーゼル車より大幅に二酸化炭素の排出抑制に貢献できることもあり、最近になってＪＲ東日本はこの種の新車両を積極的に開発している。

男鹿線には気になる名前の踏切が点在しているので、まずは追分から非電化区間に入って初めての駅である出戸浜（でとはま）に降りる。駅名標にもナマハゲが描かれていた。新しい小駅舎の傍らには立派なトイレも新設されており、むしろこちらの方が堂々としている。駅前の電柱には天王字（あざ）棒沼台とあった。今どき「字」まで表示されているのは珍しいが、大字ごとに地番を付けた他の多くの地域と違い、秋田県の一部では明治の地租改正で字ごとに地番を振ったため、住所の表記に字名を書かないと地点が特定できない。

棒沼という沼は近くに見当たらないが、男鹿半島がかつて沖合の男鹿島だった頃、それと本土側を繋ぐ「陸繋砂洲（りくけいさす）」が何列にもわたって発達した際に砂洲と砂洲の間に海水が閉じ込められてできた棒状の沼がいくつもあり、明治大正期の地形図を見ればこれが一目瞭然だ。現在では多くが埋め立てられて消えたため、地名だけに残っているようだ。

踏切探訪者としては、できれば一つひとつの踏切を歩いて回るのが作法と思っているので、線路のこちら側とあちら側をジグザグに往来する。昨今の「地理院地図」では基本的にどんな細道でも省略されていないので助かる（この扱いは2500分の1都市計画図を基図にした区域のみ）。

伴二さんか番次さんか。ばんじ踏切

さっそくその詳細な図を使って細谷踏切の先で細道に分け入った。ほとんど廃道にしか見えないような道も描いてあるが、その曲がり方が正確なのでちゃんと特定できる。どうにも人が歩いた形跡はなさそうで、少しばかり図を疑いながらも進むが、地図の通りに続いていて嬉しい。そうやってたどり着いたのが森の脇の八五郎踏切。近くの住宅のおばさんに聞くと、由来はわからないが、あのへんを「八五郎」と言うのだそうな。八五郎さんの畑だろうか。屋号なのか実名かは、おばさんも知らなかった。

線路沿いに歩ける道がないので、浜側へ向かって船川街道へ出た。新しい県道がさらに浜側にできているので、それほど交通量は多くない。その次に目指すのは「ばんじ踏切」だ。草の茂る間に2本のタイヤの轍がついた未舗装道が渡るのは第四種踏切。警報機も遮断機もないので、渡る人が安全確認をしなければならないから、黄黒クロッシングの下に

「とまれみよ」の札が打ち付けてある。思えばずいぶんシンプルな呼びかけだ。

「ばんじ」と平仮名なので謎めいているが、人の名前だろうか。伴二さん、番次さん、万治さん。屋号かもしれないが、それとも純粋に小字の地名か。最後の「地名説」はあとで行った図書館で調べた結果これは否定されたので、やはり人名の可能性が高そうだ。

大きな農場があったか――農場踏切

次に気になる農場踏切へ行ったが、踏切の東側には五洋電子の工場や老人ホームなどの施設が並ぶばかりでその名にふさわしくないが、かつては何らかの農場だったことは昭和30年代の5万分の1地形図に「伝習農場」とあったので想像がつく。

国道101号が男鹿線を跨ぐと、ほどなく上二田(かみふただ)駅である。このあたりは海岸から砂丘が何列か並行していて、その間にはやはり棒状の沼が広がっていた。今ではたいてい田んぼになっているが、その地形の段差は明瞭だ。家並みがあるのはおおむね砂丘(砂堆)の上である。棒沼踏切を過ぎると、ここも新しく改装されていた上二田駅。線路はだいぶ高いところを通っているが、やはり線路を水に浸けないのは敷設にあたっての重要な条件である。

由来を測りかねた、かじ踏切

次の薄田踏切は「うすだ」か「すすきだ」か迷うが、肝心のこういう踏切に限って読みが付いていない。誰もが読める農場（農場前）踏切にはルビがあったのに。そこから２つ目が今回の最終目的地である。

この「かじ踏切」は行ってみると何の変哲もない第一種踏切で、追分から数えて12番目、同駅起点９キロ６３８メートル。朝イチで最初に訪ねた細谷踏切が５キロ７４７メートルだから、まだ４キロ少々しか来ていないことになるが、やはりジグザグ歩きだから仕方ないし、急ぐ取材でもない。

かじ踏切の意味とは

「かじ踏切」の由来は何だろう。平仮名表記だが、梶さん、加地さんといった名字、それとも小字の地名だろうか。踏切を渡って国道１０１号の方へ行ってみた。道路を西側へ渡

ばんじ踏切・かじ踏切周辺。地理院地図に書き込み（約1：37,100）

る。正面の果物屋さんに話を聞くためである。バナナを1房買いがてら「かじ踏切」のことを店のおばちゃんに尋ねてみると、何のことはない、鍛冶屋さんだという。「二田の鍛冶」といって鍬や鎌などを作るのに加えて、他にも何かと面倒を見てくれたという。

旧街道に面しているという石井鉄工所へ行ってみよう。道を引き返してかじ踏切を再び横切り、おばさんに言われた通り旧街道を右へ折れると「石井鉄工所前」というバス停もあった。鉄工所はその目の前である。あいにくお留守で、あとで何度か電話もしてみたが、話が聞けないうちに締切と相成った。

ところが、再校正が出たあとにダメモトで編集部の大坂温子さんが電話（令和元年11月）したところ、鉄工所の奥様が出られたとのこと。聞けば鉄工所は7年前に廃業し、ご主人を含め関係者は全員亡くなったそうだ。踏切の名も「鍛冶屋稼業」から名付けられたと聞いている、とのことである。

バス停名はまだ健在だが、これがなくなって年月を重ねれば、踏切名のいわれは不明になりかねない。面倒見がよかったという鍛冶屋さんの話を、どなたか地元の人が語り継いでくれるといいのだが。

天皇様踏切——日本一ありがたい踏切？

「てんのうさま」の不思議

福島県の最南端にあるのが矢祭（やまつり）町。すぐ南隣は茨城県の大子（だいご）町で、そこから久慈川をさらに遡ったところである。矢祭町は平成の大合併で「合併しない町宣言」で話題になった。その中心で役場の最寄りがＪＲ水郡（すいぐん）線の東館（ひがしだて）駅で、地元の地名表記は駅名と違う「東舘」だが、その字の通り、中世に建てられた東舘（東館）に由来するという。

水郡線は水戸と郡山を結ぶローカル線で、駅で降りたのは地元の方と思われる数人だけであった。跨線橋へ上がって盆地を北上する列車を見送ると西には八溝（やみぞ）山地、東は阿武隈山地の南端あたりの、いずれも穏やかに起伏しながら紅葉する稜線が小春日和の青空を限っている。

平成最後の秋に訪れた天皇様踏切

東館の駅舎は年季の入った木造で、委託職員らしき女性駅員に尋ねたら、100年近くは経っているんじゃないかしら、とのことだった。あとで調べると昭和5（1930）年の開業というから、それ以来なら単純計算で88歳（取材当時）である。いずれにせよかなりの歴史を感じさせた。

駅前の通りを歩けばすぐ棚倉街道（国道118号）で、この地方では幹線道路なので交通量は多い。町役場があるためか、シャッターを閉めていない商店が街道沿いに集まっている。火の見櫓の先に質素な印象の2階建ての矢祭町役場を過ぎて国道を北上すると、間もなく緩い上り坂にさしかかった。これは右手の方から流れてくる矢沢川が扇状地を作っているため、川の流れている部分が小高くなっているためだ。

地形図に記号のある変電所の先を左へ折れたすぐ先が目指す踏切である。その名も「天皇様踏切」。資料を調べていて、思わずおおおと声が出てしまった。大きな看板があると迫力があるのだが、先ほど立ち寄った第四棚倉街道踏切は傍らの看板が剝がされており、警報機の柱に付いている「だいよんたなくらかいどうふみきり」という小さな平仮名表記のみだったので、大看板よ健在であれと祈りながら近づいてみると、やはり平仮名看板しかない。「ここは、すいぐんせん131番　てんのうさま踏切です」とのみ。それでも「てんのうさま」だけでインパクトは十分大きい。

横の畑側へ回ってみると、運転士用に踏切名を示した大きな看板があるではないか。改めて眺めてみれば、「天皇様踏切」はやはり異様な輝きを放っている。場所はといえば畑と住宅の混在する中の1車線道路に過ぎないのではあるが。水戸駅起点72キロ60メートル地点。さてこの天皇様であるが、ふつうは牛頭(ごず)天王を祀ったお宮があるので天王様の表記が定番だ。それが皇室に用いる天皇の字なのはなぜか気になっていた。

なかなか見つからない〝てんのうさま〟

すると写真を撮っている私を追い越すように老人が通り過ぎようとしていたので、話を聞いてみた。しかし耳が遠いらしく、天王（天皇）様のお宮はどこにあるのかという私の質問の意味が通じないようなので、地形図を示してみた。この道を西へ進めばすぐに久慈川を渡って天神沢という地区へ通じているので、ひょっとして天満宮に合祀でもされているのだろうか。

老人はそちらを指さすので、なるほど天皇様はそちらにあるのかと解釈した。地形図では久慈川を渡る橋はおおむね軽自動車まで渡れる1本線の記号だが、行ってみると4本の橋脚に鉄桁が架けられていた。先ほどの老人が遠方から「そっちだ」と手振りで案内してくれている。別れてからもずっと気に懸けてくれていたようだ。

橋を渡ると天神沢の集落。西詰には天神沢橋・天神沢林道・大沢林道の共通の竣工記念碑があった。振り返れば重量制限2トンの道路標識が掲げられている。柿の実が青空に映えた先に天神沢公民館。地形図の神社記号はその先右手にあるので、そちらへ進んでみればやはり天満神社はあった。祭神はもちろん菅原道真（すがわらのみちざね）である。傍らの記念碑の文字を追えば、平成4（1992）年に老朽化した鳥居を新調しようとの決議をもって寄附を募ったところ、目標額の倍以上が集まったので、鳥居に加えて本殿拝殿の改修工事などを併せて行うことができたという。信心深い集落である。

感心しながらも天皇様の謎は解けないので、誰もいない参道を戻り、すぐ近くの家の庭先で仕事していた老爺に尋ねたら、天皇様はここじゃなくて川の向こうだという。

天神沢橋を引き返して再び天皇様踏切を通過、棚倉街道を渡ってすぐ細道を山手へ進む。踏切の名前に残っているのだから、かつてはこれが参道なのかもしれないと思ってのことだったがハズレで、家の裏手からアスファルトの道に出た。頬被りで畑仕事中のおばちゃんに「天皇様はどちらですか」と尋ねたら、あのこんもりとした森がそうだという。「ハウスの先に細い道があって、そこから入れっから」。

踏切の手前に思わぬルーツ

教えてもらった通りの細道を入ると、まっすぐ神社の石段へ出た。八雲神社とある。拝殿は扉が閉まっていたが、すぐ格子の向こう側に賽銭箱があったのでチャリンと若干円を投入、二礼二拍手一拝する。由緒書きなどは掲示されていないのだが、あとで調べてみたら祭神は須佐之男命（すさのおのみこと）。矢祭町・八雲神社で検索してヒットしたのがなぜか「ふくしま結婚・子育て応援センター」のサイトで、この神社の天王祭が「縁結び祭り&体験」として紹介されている。２００年以上の歴史を誇る祭で、山車や御輿（みこし）が勇壮に練り歩くそうだ。

この祭でカップルになると「末永く幸せになれるとか」と結んであるが、なぜ縁結びにも御利益があるのか理由は開示されていない。

踏切には天皇様とあるが、本来は天王様であるようだ。やはり神仏習合の「牛頭天王」で、釈迦が説法を行ったという祇園精舎の守護神である。悪疫を防ぐ神だそうで、病にたおれても神に祈るしかなかった昔にあっては切実なものがあったに違いない。八雲神社との関係は、スサノオが詠んだ「八雲立つ出雲八重垣……」にちなむそうで、そういえば東京都目黒区八雲も八雲氷川神社にちなむ地名と聞いたことがある。

神社の近くの畑で別のおばちゃんに踏切との関係を尋ねてみたら、なんと踏切の手前にこの祭で使う山車を収納する小屋があるのだという。また踏切に戻ると、彼女の言葉の通りに背の高いプレハブのような倉庫らしきものがある。シャッターで閉じられた軒は見上げるような高さなので、さぞ立派な山車だろう。まさに「灯台もと暗し」だが、天皇様の踏切名とこの建物は結びつかない。やはり土地の人には聞いてみるものだ。

ナベ屋踏切を目指す

次の目的地は北隣の塙町に位置するナベ屋踏切である。本来なら東舘駅または次の南

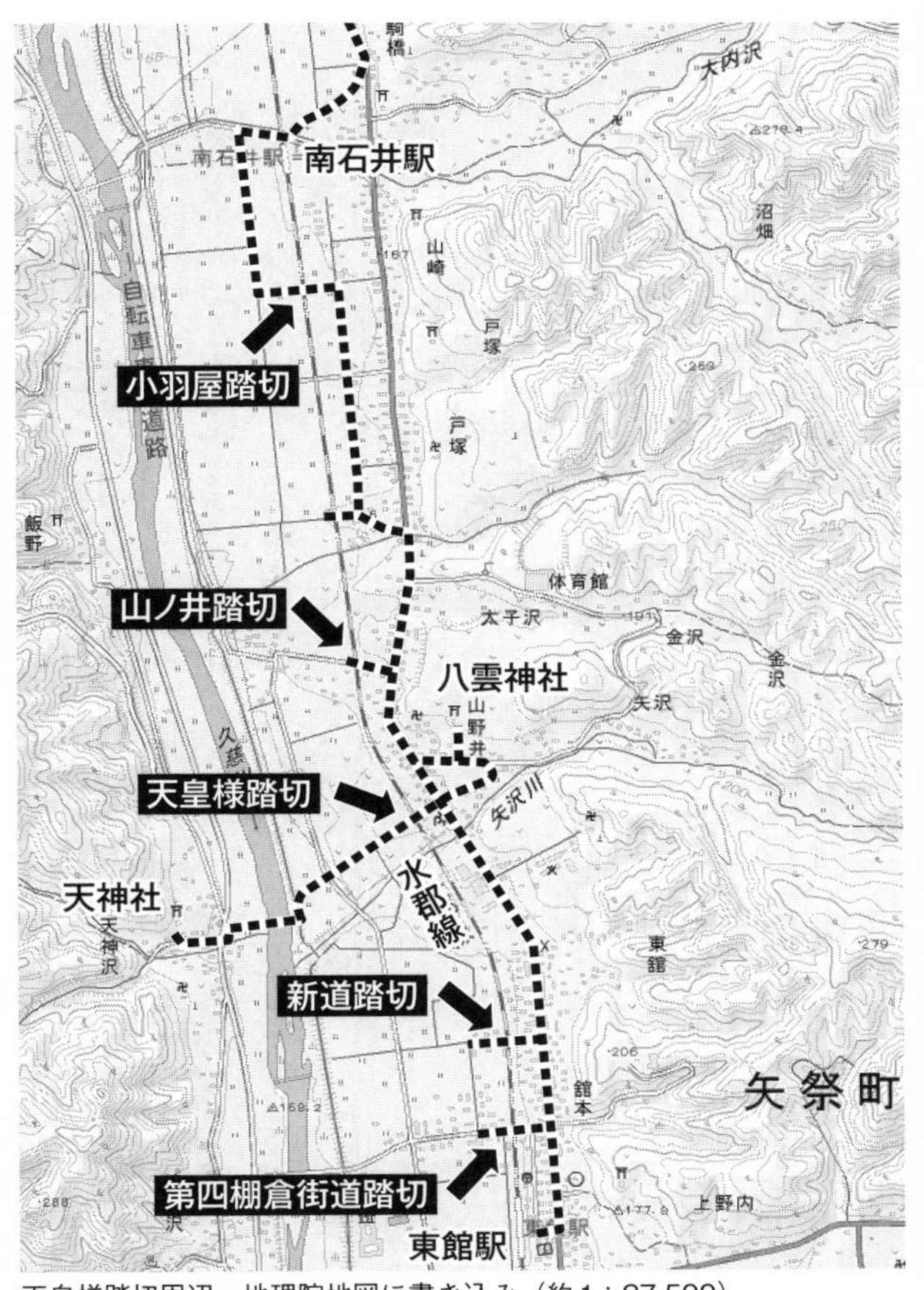

天皇様踏切周辺。地理院地図に書き込み（約1：27,500）

石井駅から水郡線の列車に乗って磐城塙駅まで行って戻るのが最も近いのだが、あいにく東館駅ちょうど11時発の列車はギリギリで間に合わないし、そうなると15時台まで下り列車はない。併行して国道を走るバスは神社最寄りの山野井が12時40分発なので時間が空きすぎる。そんなわけで全部歩いて行くことにした。

国道と水郡線の間を北上する農道を歩くと、小羽屋踏切というのが南石井駅の少し手前にある。もしコバネ屋と読むのなら何かの店に関連するのかと想像したが、現地へ行ってみると「こばや」とルビがあった。おそらく小字の地名だろう。水戸駅起点73キロ450メートル。踏切ナンバーは136だ。

警報機も遮断機もない第四種踏切である。単線非電化の路線なので空に架線という夾雑物がなく、青空が広い。お馴染みの「とまれみよ」の札に加えて、新しく立てられた「ふみきり注意　とまれ!」という蛍光イエローの標識が訴えている。あまり列車が来ない踏切なので、地元のクルマもつい油断しがちなのだろう。それでもここは見通しが抜群にいいので衝突の心配はなさそうだが。

ほどなく南石井駅。戦後この区間にディーゼルカーが導入された後の昭和32(1957)年に設置された片側ホーム1本のみの小駅で、小さな待合ボックスが置かれている。駅のすぐ北側が大内沢踏切で、その向こうに同名の大内沢橋梁が架かっていた。変哲もない鋼桁橋（プレートガーダー）だが、「鉄道省」の銘板が見える。この区間が開業する前年の昭和5（1930）年製で、ペンキを何度も重ねているので漢字は読みにくい。それでもペンコイド・カーネギーのアルファベットから米国製であることはわかった。カーネギーの鋼材でペンコイド鉄工所が作ったということか。

次の磐城石井駅までは短い。ほどなく着いてみると駅舎は取り払われ、新しい待合ボックスになっていた。駅前の電話ボックスと枝を広げた立木、廃屋と化して久しい「観光タクシー」の建物、と妙に手持ち無沙汰な閑散とした駅前広場が、鉄道が輸送の主役から外れてからの長い年月を物語っている。少し離れて大谷石の立派な蔵がぽつりと建っていた。

交通量の多い国道を北上するのは疲れるので、線路の東側の細道をたどることにしよう。ただし棚倉街道の旧道というわけでもなさそうだ。黒助（くろすけ）という集落の黒助踏切、早房（はやぶさ）の早房踏切などを過ぎて、矢祭町中石井から塙（はなわ）町上石井に入る。元は両者とも石井村だったのが、昭和の大合併時にこんな形に相成った。いろいろと「大人の事情」があったのだろう。

上石井に入ってから細道で水郡線の西側へ戻った。集落の間を走る細道は「地理院地図」にしっかりと描かれているので助かる。次の寺ノ下踏切は第四種踏切で、その先には階段の上に寺が姿を見せた。まさにその通り「寺ノ下」である。おそらく地名ではなくてそのものズバリの命名ではないだろうか。安易といえば安易である。踏切の幅は1メートル少々といったところだが、「この踏切は、車は通れません」の標識。もし通っていいと許可されたとしても、これでは無理だろう。第四種踏切の数だけ「通れません」の標識を発注してしまったので捨てるわけにもいかず、とか。

鍋屋のご子孫を発見!

集落の中を細道でたどれば、少し先にナベ屋踏切はあった。水戸から通算ちょうど150番目である。字が消えかけた「ナベ屋踏切道」の標識。ここも第四種なので警報機も遮断機もない。予想通りナベ屋らしき物件は近くに見当たらない。

3軒目のピンポンでようやく在宅。テレビを見ていたご主人は70代半ばだろうか。「ナベ屋は街道沿いに2軒あったよ。ずいぶん昔だけど」という。もう明治大正の頃だそうでね、私の子供の頃にはすでに店はなかった。元は小売店じゃなくて鋳物屋さん。踏切の名前は昔を物語るという話をしたら、それはおもしろい話だねと理解してくれた。この取材

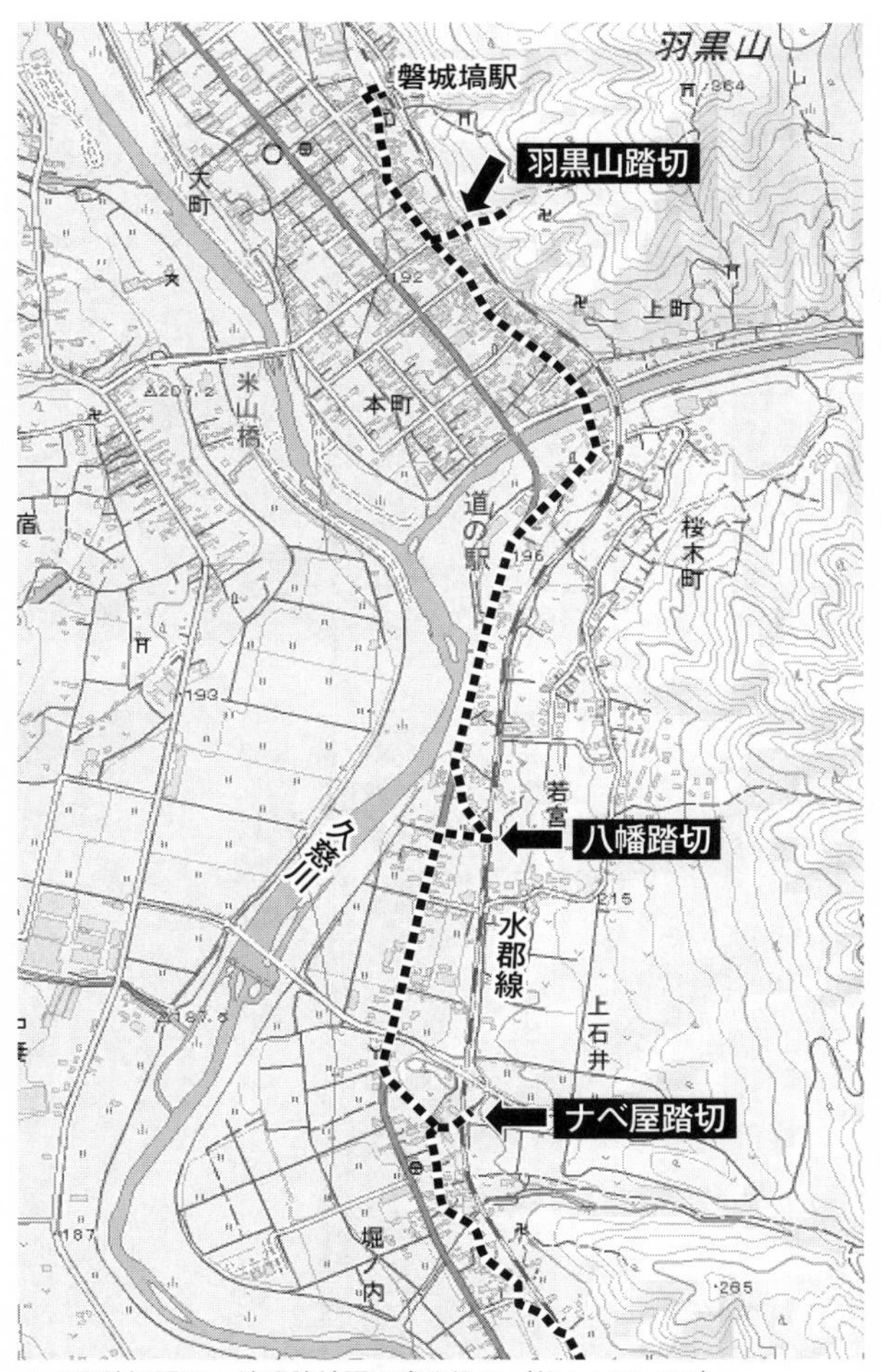

ナベ屋踏切周辺。地理院地図に書き込み（約1：20,700）

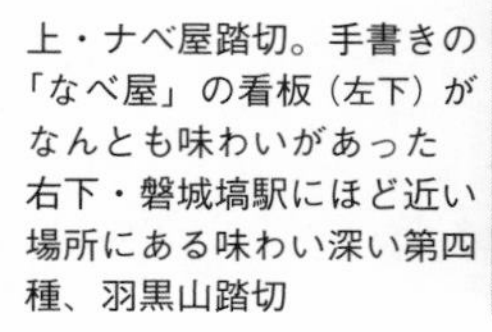

上・ナベ屋踏切。手書きの「なべ屋」の看板（左下）がなんとも味わいがあった
右下・磐城塙駅にほど近い場所にある味わい深い第四種、羽黒山踏切

では、由来を尋ねても「そんなこと聞いてどうするの？」という反応が多いので、この爺さんは嬉しい。

さらに街道沿いで障子の張り替えに余念のないおじさんに聞いてみると、「鍋屋はウチだよ。やってたのは明治から、そう大正時代頃までだけどね。道沿いに花壇が見えるでしょう、あのへんで鍋を作っていたと聞いてるよ」と教えてくれた。

水郡線のこの区間が開通したのは昭和6（1931）年だから、そのときにはすでに鍋屋は稼働していなかったことになるが、建物は残っていたのだろうか。いずれにせよ良い目印だったのだろう。踏切の命名方法についてのマニュアルや指針があったとは聞いていないが、おそらく目標物として地元ですでに定着していた「鍋屋」から少し入ったところの踏切、ということで自然に付けられたのではないだろうか。

勝手踏切――世にもわがままな踏切？

自然発生する勝手踏切

踏切とは線路と道路の平面交差である。当然ながら列車と自動車・歩行者が同一平面上を通る。この場所ではあくまで列車が優先で、通過の際に人やクルマはしばし待たされるのが決まりだ。しかし先を急ぐあまり、待てない車両が無理に押し渡ろうとしたり、警報機や遮断機のない踏切では左右の確認が不十分でついうっかりと通過するなどして、不幸にも列車との接触事故が時に発生する。

これらの踏切事故は可能な限り防がなければならないが、それ以前に踏切が設置されていない場所で人が線路を渡ってしまう場所がある。これがしばしばメディアでも取り上げられる「勝手踏切」だ。その字の通り、正規の踏切でないにもかかわらず、主に近隣住民が線路をしばしば勝手に渡ってしまうことにより「自然発生」したものだ。

正規の踏切ではないのでもちろん警報機や遮断機などの設備はない。線路をそのまま跨いで強行突破するものだが、元はといえば鉄道が敷設される以前から細い道が存在していたことも多く、線路が敷かれた際に踏切が設置されなかったとしても、既得権とばかりに一部の人たちが渡ってしまうことは珍しくない。何度も渡っているうちに自然に道ができてしまい、さらに渡る人を誘発するという困った存在だ。特に線路を渡る幅が狭くて済む単線区間に発生しやすい。すでに「踏み分け道」がついてしまっているので、そんな場所には「渡るな」の看板がしばしば設置されている。

本来なら踏切を渡るべきだということは「利用者」も重々承知している。しかし目の前の畑や田んぼへ行くのに正規の踏切を経由すると、何百メートルも迂回しなければならないなど、つい横着して線路を跨いでしまう気持ちも理解できなくはない。特に高齢になって迂回が億劫になってくればなおさらだ。しかし運動能力が衰えた人がイザというときに退避できずに列車に接触してしまい、悲惨な最期を遂げるのは実に痛ましい。

ところが踏切名を調べていたある日、正式な「勝手踏切」が秋田県南部の由利本荘(ゆりほんじょう)市にあることを知った。警報機も遮断機も完備しているという。日本海に沿って走る羽越本線（新津～秋田）の道川駅から2キロほど北上したところに、羽州浜街道の旧道が線路を渡る場所がある。線路より浜側を走っている現在の国道7号にこの道が合流するすぐ手前だ。

なぜ勝手踏切などという名前がついているのかといえば、地名が「勝手」だからである。最近までは秋田県由利郡岩城町大字勝手であったが、平成17（2005）年の合併で由利本荘市内となり、旧町名と併せて「岩城勝手」に変わった。なぜそんな地名になったかは知らないが、実際に勝手踏切の存在を知ってしまった以上、やはり行かなければなるまい。

イージス・アショアの新屋を過ぎて

というわけで12時過ぎに秋田駅を出る酒田行きの普通列車に乗った。「秋田スリバチ学会」の栁山努会長にわざわざ案内していただけるというのでお言葉に甘える。地元の人が一緒だと何かと心強い。副会長の石黒こずえさんも一緒だ。

普通列車はやがて雄物川を渡って秋田市街を抜け、ほどなく海岸沿いを南下していく。北朝鮮からのミサイルを迎撃するというイージス・アショアの建設予定地とされた新屋地区を過ぎる。適した場所を選ぶための調査がずさんだとして有名になった場所だ。数千億円というずいぶん高い買い物であるが、「ミサイルの標的になったらどうするの」という地元の不安は、実際に現地へ来れば実感できる。列車は目下平和な海沿いに出た。羽越本線は地図で見る限り波打ち際を走る印象だが、海が見渡せる区間は意外に少ない。眺望を遮っているのはクロマツの鉄道防風林だ。もちろん車窓を楽しませるために線路を敷いたわけではないので、これは仕方がない。

秋田から30分弱で道川駅に着いた。海側にはずっと並行してきた国道7号とその向こう側には「砂丘レストラン」と看板のかかった店。すでに閉じられて久しいようだ。ホームからの階段を上って跨線橋を山側へ出ると、すぐ近くの海を俯瞰する台地上に「あきた病院」があった。あとで調べてみると、戦前からの結核療養所である秋田療養院に由来するという。

このあたりからが大字岩城勝手で、集落はもう少し先だ。国道7号は自動車がひっきりなしだが、羽州浜街道の旧道は閑散としているのでのんびり歩けるのが嬉しい。ほどなく集落と同じ名前の勝手川の小さな流れを左に見て進むが、羽越本線は少し高い鉄橋でこれを渡っている。

その先で海に注ぐ手前に「ロケット発祥の地」という石碑があることを柳山さんに教わった。イージス・アショアも何かの縁だろうか、などと言ったら不謹慎であるが、東京大学生産技術研究所が昭和30（1955）年8月6日に日本で初めてロケット実験を行った場所だ。広島に原爆が投下されてからちょうど10年後の日付だが、なぜこの場所なのかといえば、『岩城町史』（岩城町史編集委員会編、平成8年）によれば同32年から翌年にかけての「国際地球観測年」に向けての実験がきっかけだったという。日本に割り当てられた観測領域は東経140度線上。この経線は秋田県の八郎潟の真ん中から東北地方を一直線に縦断し、千葉県船橋市あたりで東京湾に出る。実験場所はその経線上にあること、ある程度交通が便利で広大な砂浜海岸であること。それに漁業補償の心配がないなどの諸条件をクリアする場所としてこの道川海岸が選ばれた。

最初は糸川英夫博士のペンシルロケットに始まり、飛翔実験は14回行われたという。パラシュートで落下した自動カメラの海上回収に世界で初めて成功するなど成果は大きかったというが、同37年5月に「カッパ8型」ロケットが打ち上げに失敗、実験場が火の海となった。破片が付近の民家の屋根を直撃したことによる地元の衝撃は大きく、結局ここでの実験はとりやめとなってしまう。後に実験場は県北部の能代、さらに鹿児島県の内之浦へと移されていった。ずいぶん昔の話である。

それでもこの地で日本のロケット第一号が飛んだことは町民の誇りだったようで、今も

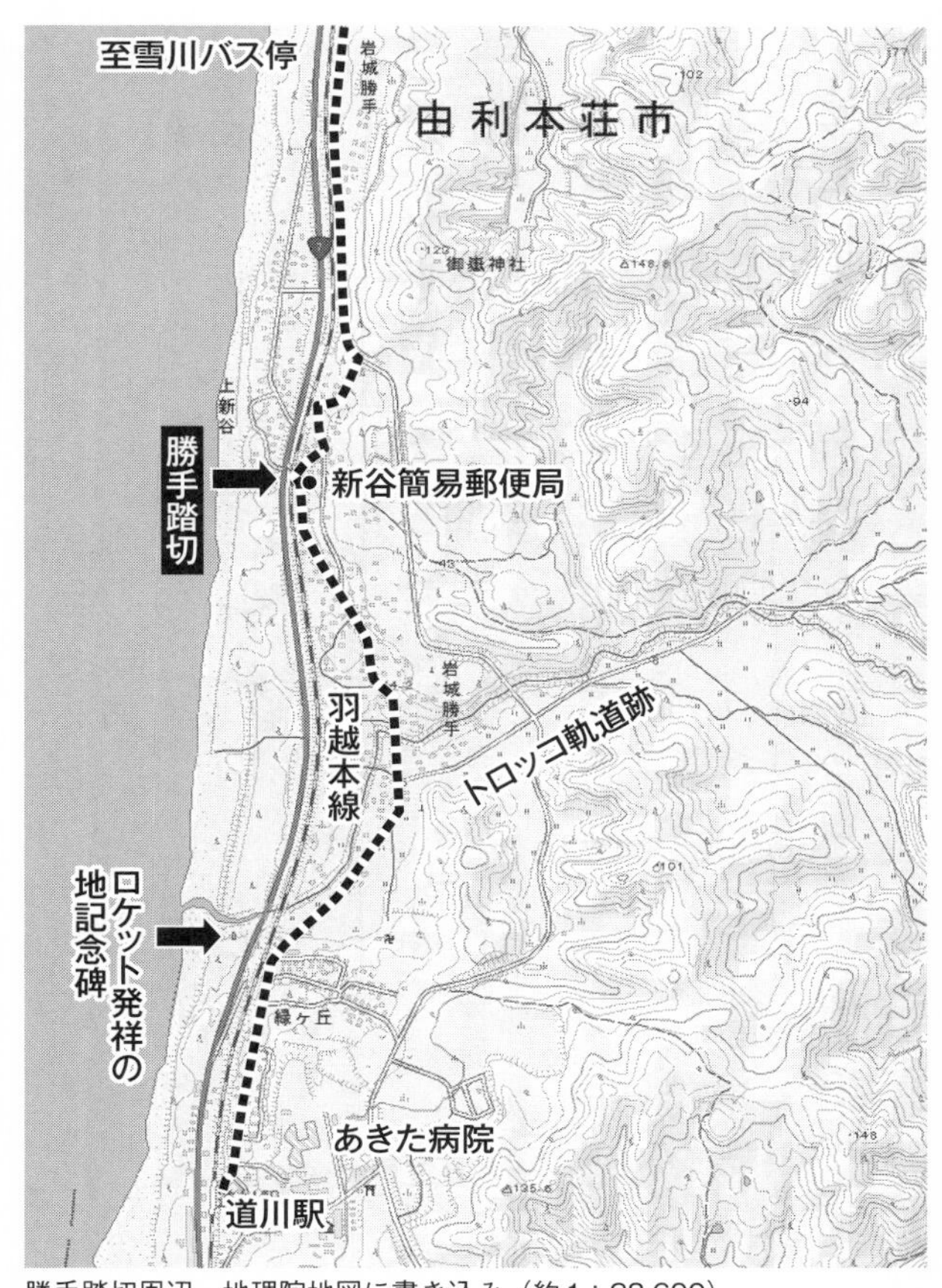

勝手踏切周辺。地理院地図に書き込み（約1：28,600）

旧岩城町のマンホールの図柄には真ん中にロケットがあしらわれている。ちょうど実験が佳境に入っていた昭和35（1960）年から翌年にかけて読売新聞に連載されていた松本清張の小説『砂の器』でも、ここでのロケット事件の様子が取り上げられた。そこに登場する羽後亀田駅も小説の重要なキーワード的な場所なのだが、その亀田町が周囲の村と合併して岩城町となった年がちょうど「ロケット元年」である。

勝手はかつての油田の町

羽州浜街道の旧道が勝手川を渡る手前から右手へ分岐していく細道はトロッコ軌道の跡である。実はこの勝手、ロケットというよりは石油の町として知られていた。ロケットに先立つさらに半世紀前、ちょうど今から100年前にあたる大正8（1919）年に日本石油による採掘が本格的に始まっている。原油が「勝手に」噴出したのかどうかは知らないが、昭和3（1928）年の最盛期には年産9200キロリットルに達したという。石油はこの線路や送油管などを使って道川駅へ運ばれた。駅には貯油タンクが設置され、近くには社宅なども立ち並んだというが、だいぶ昔の話でその面影はない。

通りがかったおばあちゃんに勝手の地名の由来を尋ねてみたら、ネイティブの秋田弁な

ここから勝手集落という意味であるが、どこか突き放したような趣

勝手に渡るにはあまりに立派な、複線の勝手踏切

ので聞き取りが難しかったが「知らないけど、勝手に呼び始めたんでないの?」と笑う。「もっと年配の人でないとねえ……」、というのは珍地名エリアで共通する回答だ。そもそも昔からその地名に馴染んでいる地元の人にとっては、最初から珍しい地名などという意識はない。同時通訳をしなければ、と石黒さんが駆けつけてくれたが、話は終わっていた。

勝手の集落の北端近くに郵便局がある。しかし勝手の名を冠したわけではなくて新谷(あらや)郵便局。切手を買いがてらカウンターの女性に地名について尋ねると、「私はここの出身でないから……」とやはり戸惑い気味だ。知っていそうな人はだいぶ亡くなってしまったという。

あとで秋田市立図書館に立ち寄って調べたところ、この勝手の村は寛永2(1625)年の検地帳によれば「勝手新屋村」と称したらしい。新谷でなく新屋と字が違うが、これはよくあることだ。正保3(1646)年にはさらに異なって荒谷村となっている。享和2(1802)年にここを通過した伊能忠敬の測量日記には「勝手村　家97軒　内ニ新谷アリ　同村ノ内ナリ」と記されている。

江戸期の地名表記は非常に揺れがあるので、どれからどれに名称が変化したと詮索するのは限界があり、並行して異表記が使われるのは当たり前だが、それでも勝手新屋村という呼び名には「随意に新しい村を作ってよろしい」と許可が出たニュアンスも感じる。勝手という言葉は本来「利便性」――コンビニエンスであり、必ずしも悪い意味合いとは限らない。家の「勝手口」という言葉も、改まった表玄関と違って日常の便利――使い勝手のために用いる出入口である。ただし秋田の人は勝手口という言葉は使わないというが。

後日、栁山さんがわざわざ図書館へ行って地元・勝手の人の手による『勝手郷土史』（編集者・菊地与吉、昭和59年）のコピーを送ってくれた。同書では「勝手の語源はカッチからきたのではないかとの説もあり、カッチはアイヌ語で『沢の奥の台地』と言うことで勝手の台地といえば大場台附近に当る」としている。なるほど、秋田県だからアイヌ語説も信憑性が高いかもしれない。

肝心の踏切はといえば、このあたりは複線区間でもあり、スピードの速い特急電車や重量級の貨物列車も通るから、仮に「どうぞご随意に渡ってください」と許されたとしても恐ろしくて遠慮するだろう。一般論として、勝手踏切を決め込む人は別に命がけで渡っているつもりはない。やはり単線で列車もたまにしか来ないから、遠回りするのもナンだしねえ、ということである。その点で秋田県の本物の立派な勝手踏切ではそれこそ勝手が違い、そう勝手には渡れない。

国境踏切――〝こっきょう〟はどこにある？

備前国と備中国の境界

現代語で「国境」といえば、陸地を走る国と国の境を指すことが多い。たとえばトランプ大統領が「壁を作る！」と公約の筆頭に掲げ、今なお実現していない米国とメキシコとの国境とか、歴史上何度も変わってきたドイツとフランスのアルザスをめぐる国境などなど。

海に囲まれた日本にはそのような陸上の国境は存在しない、と言ってしまいそうになるのだが、実は国土地理院の20万分の1地勢図にはちゃんと「国界」という境界記号が存在する。もちろんこれは武蔵と相模、播磨と摂津などの国である。戦前に存在した南北樺太を分けるソ連との国境を描いていた＋＋＋という記号はあるが、これは国界とは別の「外国界」という記号であった。

さてこの国境という用語、ふつうに読めば「こっきょう」だが、武蔵と相模の間に引かれているのは「くにざかい」とされている。川端康成の『雪国』で最も有名な冒頭のフレーズ、「国境の長いトンネルを抜けると、雪国であった」における国境の読み方には議論があるようだが、やはり上野国（こうづけ）と越後国を結ぶトンネルであるから「くにざかい」としておきたい。

中国地方で最も多数の路線が集まる岡山駅を起点とするローカル線に吉備線（きび）がある。昨今ではどの表示も愛称の「桃太郎線」に変わっているが、どうも馴染めないので正式名称の吉備線と呼ばせてもらう。ルートは岡山から北西へ進み、豊臣秀吉の「水攻め」で知られる高松城の最寄り、備中高松などを経て総社駅で伯備線と接続する20・4キロだが、備前一宮駅から吉備津駅の間にその名も「国境踏切」があるというので行ってみた。

これは備前国と備中国の境界で、清水トンネルの貫く上越国境のように険しい分水嶺があるわけでもなく、田んぼのまん中をゆるりと境界が通っている。かつての国境であれば今も県境、そうでなくても市町村の境界として継承されているものが珍しくないのだが、ここは現在その両側とも岡山市北区なので行政区の境界ですらなく、かろうじて北区西辛（から）

川と北区吉備津の大字界である。ＪＲ吉備線がなぜ「備前線」や「備中線」でないかといえば、両国を走破するからで、だからこそ分かれる以前の古代の名称を用いているのだろう。

吉備津神社の参道から国境へ

岡山駅8時11分発の総社行き普通列車は、中国地方ではお馴染みの朱色に塗られたディーゼルカーである。

岡山から数えて3つ目の備前一宮駅はその名の通り備前国一宮にあたる吉備津彦神社の門前町で、線路の脇がすぐ境内だ。ここから左カーブして吉備中山の北側を迂回するうちにいつの間にか国境を越えて吉備津駅に到着する。お目当ての踏切はその間だ。最寄りの吉備津駅の近くには備中国一宮の吉備津神社があってややこしい。つまり吉備中山の東麓に「備前国一宮の吉備津彦神社」、西麓に「備中国一宮の吉備津神社」が鎮座しているわけで、その直線距離はわずか1・4キロ。かつては両社とも「吉備津彦神社」を称していたというから、混同は日常茶飯事だっただろう。そもそも全国広しといえどもこれほど隣国の一宮が近接している例はない。もともとは備前・備中・備後・美作の4国は合わせて吉備国で、それが7世紀末に備前・備中・備後の3つに分かれ、さらに8世紀初頭に備前国から美作国が分立している。ちなみに岡山の旧市街は備前、倉敷は備中だ。

吉備津駅で降りると、駅名標が桃太郎線の愛称に合わせてピンクに塗られている。朱色の気動車はエンジン音を上げつつ走り去った。ここからまっすぐ吉備津神社へお参りしてもいいのだが、すぐ近くを旧山陽道が通っているので板倉宿まで少し足を伸ばしてみよう。かつては門前町ということもあって歓楽街の色彩も強かったそうだが、往時の賑わいはすでに失せている。それでも古くからの家が軒を連ねる佇まいは旧街道の面影を残していた。

ほどなく吉備津神社への分かれ道の灯籠が目に入る。大橋という小さな橋の先だ。傍らには海鼠(なまこ)壁の蔵が建つ。広島方面から参拝の人はここで右へ折れたのだろう。小さな川沿いに歩くとほどなく吉備津神社の南側に出るが、この川を遡ればかの高松城だ。水攻めの際には手前に堤を築いたので、当時はこの川も堰き止められて水が涸れたのだろうか。鳥居をくぐると吉備津神社名物の長い回廊の南端で、そこから本殿を目指した。本来とは参り方が逆であるが。

参拝したあとは松並木がまっすぐ続く550メートルほどの参道を北上した。山陽道から分岐する道で、この参道を横切る吉備線の踏切は素直に「吉備津参道踏切」と名付けられている。松の濃い緑に黄色と黒の踏切カラーがよく映えていた。踏切マニアでなければ、そのツートンカラーが景観を台無しにしているという見方をするかもしれない。

境目バス停近くに国境踏切

踏切を渡ってすぐ突き当たる旧山陽道を右へ歩けばほどなく真金一里塚（まがねいちりづか）で、これを過ぎて国道180号の新道が右手から合流してくる場所がまさに国境だ。その証拠に「従是（これより）東備前国」と彫られた石の標柱が路傍に立っている。詳しい地図によれば、この標柱の前の建物が「境目集会所」らしい。

すぐ東側には境目という名のバス停もあるので、これは大字西辛川の小字もしくは通称の小地名のようだ。どのくらいの本数が運転されているのか近づいてみると、時刻の代わりに意外な紙が貼られていた。曰く「新聞・テレビで取り上げられました通り、路線休止の主な原因である運転手不足問題について、弊社で種々努力を重ねて参りましたが解決には至らず（以下略）」運行休止に至ったという。路線は「天満屋バスセンター（岡山市の都心部）～吉備津神社・稲荷山・大井線」で、詳しい事情は知らないが、多少の差はあれ地方の路線バスは乗客減と人手不足でどこも厳しい状況に置かれている。

備前と備中の境界が大字界に引き継がれているとすれば、そのラインは標柱前の建物のすぐ西側を通っている。バス停のあたりから南へ向かう細道が線路を渡っており、これがお目当ての「国境踏切」である。通る道は踏板の部分でさらに狭まっているので二輪車および耕耘機などの「小特」以外は通行禁止だ。踏切の名称を示すプレートには、やはり「くにざかい」とルビが振られていた。

備前と備中の国境近くにある境目バス停

踏切のある細道は国境ラインの東側にきれいに並行しており、図上で測ってみるとちょうど1町（約109メートル）ほど。1町は古代の区画整理である「条里制」の碁盤目のちょうど1マスに相当することから、この細道も古代からの道と考えてよさそうだ。条里制の遺構については学問的に取り組んでいる人も多いが、地形図を見慣れていると、その痕跡は一目でわかる。千年の時を経た区画は近代以降の圃場整備の直線道路とは違って、基本は直線でありながら必ず左右にゆらぎをもっており、途切れている部分も珍しくない。しかしそれでいて全体としては1町四方の

国境踏切周辺。地理院地図に書き込み（約1：18,900）

吉備津神社の参道からもほど近い国境踏切

きれいな碁盤目になっているので簡単に見分けられるのだ。

旧山陽道のラインもこの細道や国境と直角に交差していて、条里制区画のうちである。戦前の旧版2万5千分の1地形図と現在の地図に載っている大字界を比較してみると、国境は少し南側で条里から西へ折れて細谷川（ほそたに）を遡る形だ。さすが吉備中山から流れ下る川だけあって由緒ある川のようで、傍らの石柱には古今和歌集に収められている「まがねふく　吉備の中山　帯にせる　細谷川の　音のさやけさ」という歌が刻まれていた。ついでながら「真金吹く」は吉備にかかる枕詞で、さすがに製鉄の本場である。

国境のこの川に架かる橋はその名も両国橋。この橋の名を聞くと東京の隅田川に架かる大きな橋をつい思い浮かべてしまうが、国境を跨ぐ橋であればどこでも両国橋であり得るわけで、実際にこの名の橋は全国各地に架かっている。それでも、私がこれまで見た各地の両国橋の中では最も小さな橋であった。

爆発踏切——踏切が伝え続ける悲しい物語

今は列車が来ない踏切

その名も「爆発踏切」という衝撃的な踏切の存在を、アエラ・ドットでの連載中に読者の方に教えてもらった。場所は北九州市の小倉から日田彦山線でまっすぐ南下した福岡県田川郡添田町の山の中である。筑豊炭田の南縁にあたるが、敗戦直後の混乱期に大爆発事故があったことにちなむという。それにしても、なぜそんな名前をつけたのだろうか。

実は現在、この踏切を通る列車はない。平成29（2017）年7月に発生した九州北部豪雨のため路盤や橋梁が何カ所も流失し、線路が寸断されてしまったからである。それ以来、現在に至るまで添田〜夜明（久大本線との接続駅）間の列車の運行はなく、代行バスがこの間を結んでいる。復旧には巨額な費用がかかり、JR九州単独ではとてもでないが費用は捻出できない。将来的に鉄道のまま復旧させるのか、それとも線路敷をアスファルトで舗装してBRT（バス高速輸送システム）という形にするか。完全民営化して間もないJR九州にとっては大きな災難であるが、同社と地元自治体や住民の意見はまとまっていない。

小倉駅を朝8時8分に発車する田川後藤寺行き普通列車に乗った。さすが大都市圏で4両編成の乗車率はかなり高いが、下り列車だから立っている人は見当たらない。終点で添田行きの2両編成の普通列車に乗り換えると車内には数えるほどの人しかおらず、無人駅になって久しい終点の添田駅に降り立った。かつてはこの駅から添田線という日本有数の赤字ローカル線が走っていたものであるが、これも廃止されて30年以上が経つ。

駅前広場で代行バスを探したが見当たらず、発車時刻が迫って焦ってきた頃に、近くに停まっていた黒いタクシーに気がついた。表示を見れば彦山駅行きのJR代行タクシーだ。乗ったのは私ひとりだけで、運転手さんに「彦山まで」と声をかける。発車間際にもう1人、60代と覚しき男性が乗ってきた。「歓遊舎まで」だそうで、これは約2キロ先の次の駅だ。彦山駅までは約8キロ。運転手さんに聞けば、お客さんの数は毎日こんなもので、朝は高校生数人が利用している。毎日決まった顔ぶれなので、どこで乗り降りするかはすべて把握しているそうだ。他の多くの高校生は親が車で送迎するという。

彦山駅から「現場」へ

代行タクシーの終点・彦山駅は英彦山神宮をイメージしたと思われる立派な駅舎で、英彦山観光登山の基地ということから、戦時中の昭和17（1942）年8月25日という開業時期にもかかわらず、予算もだいぶつぎ込まれたようだ。戦後は観光客が多く列車を利用し、また急行列車も1日数本が停車したため、たまたま手元にある昭和58（1983）年のデータでは1日平均の乗降客数は2156人となかなかの数字である。乗車数を半分としてみれば、平成30（2018）年度の都城駅（宮崎県・1108人）や由布院駅（大分県・1086人）のレベルだ。しかし列車が来ない今、待合室のがらんと広い空間には誰もおらず、出札口は閉ざされて久しい。ホームへ回ってみれば不通から1年半という年月を感じさせる錆びたレールが伸びていた。

同線の北半分はかつて小倉から南へ延びる小倉鉄道という私鉄であったが、産炭地の重要性から昭和18（1943）年に戦時国有化されている。小倉から大分県日田市（の少し手前の夜明駅）を結ぶことから、戦後の昭和31（1956）年に全通した際には日田線と称したが、添田町の地元では「彦山線」とするよう当時の門司鉄道管理局や国鉄本社へ熱心に陳情した結果、ついに日田彦山線の名称を勝ち取った。

全通したのは戦後だが、工事は戦前から進められており、分水界で福岡と大分の県境を穿つ釈迦岳トンネルの前後の区間は戦争の影響で昭和16（1941）年8月に中止されている。それ以前に彦山駅の南側には2つの短いトンネルが建設され、すでに完成していた。駅から550メートルほど南側の二又トンネルと、そこからさらに2・6キロほど先の吉木トンネルであるが、そのうち悲劇の舞台となったのが二又の方である。

日本陸軍は戦争末期の昭和19（1944）年、米軍による空襲の危険にさらされていた小倉兵器補給廠の山田塡薬所（現北九州市小倉北区）の大量の火薬をこの2つのトンネルに移送することとなった。『添田町史』（添田町史編纂委員会、平成4年）の記述によれば、すでに開通していた彦山駅までは列車で運び、そこからは完成していた路盤にトロッコ軌道を敷き、戦争のため不足していた男手に代わって、主に女性たちがこれらの大量の火薬を同年7月から翌20年2月までかけてトンネル内に搬入している。ぎっしり詰め込まれた火薬はトンネル容積の70〜75パーセントに及んだという。

二又トンネル大爆発の惨事

昭和20（1945）年8月に日本はポツダム宣言を受諾して降伏、全国に分布していた日本軍の施設は占領軍となった米軍に接収された。トンネル内の火薬類も処分の対象となったため、同年11月12日に米軍のユーイング少尉は兵2～3名を連れて添田警察署を訪れ、火薬の処理を通告する。一行はまず吉木トンネルを訪れて火薬類を試験的に焼却、危険がないと判断して本格的に点火した。こちらはうまい具合に少しずつ燃えてくれたようだ。

その次に二又トンネルの火薬にも点火したのだが、火薬の種類や格納条件が吉木トンネルとは異なったようで、こちらは爆発を引き起こしてしまう。点火から1時間後の4時30分、轟音とともに火炎放射器のような勢いで北口から炎が上がり、80メートル離れた家屋に火がついてしまった。当然ながら消火活動が行われたのだが、それから45分後の5時15分（記録には20分とするものもある）にトンネル上の山をまるごと吹き飛ばすような大爆発が起きた。

消火救出にあたっていた人たちを含め、付近の集落は激しい爆風と降り注ぐ土砂で家屋を破壊され、住民の多くが生き埋めとなってしまった。死者146人、重傷74人、家屋全壊31戸、半壊49戸（『福岡県警察史　昭和前編』による。資料により数値は少々異なる）という空前の被害で、その爆音は別府や福岡にまで届いたほどだったそうだ。

火薬処理の知識の不足により致命的な失敗を犯したユーイング少尉一行はそのときすでにジープで現場を離れていた。少尉はその後本国に送還され、懲戒解雇にあたる「不名誉除隊」の処分が下されたという。しかし当時の占領軍たる米軍が起こした不祥事の多くは報道管制のため知らされることもなく、これほどの大事故も地方紙にその片鱗が載ったのみであった。真相を多くの人が知ったのは18年も経った昭和38（１９６３）年にこれを特集した『サンデー毎日』の記事である。

彦山駅から少し南へ彦山川に沿ってわずかに遡り、国道５００号から川に降りたところに慰霊塔が建てられている。すでに苔むしたその碑面には次のように悲惨な事実が刻まれていたが、この爆発が米軍の不始末によるものという責任を問う類の文言は一切含まれていない。建立時期が占領下のためであろうか。

慰霊塔建設誌

大東亜戦争中□□二又隧道内に貯蔵中の元軍用火薬終戦に依り焼却処分中不幸にして

事故現場近くの爆発慰霊塔

昭和二十年十一月十二日午後五時二十分大爆発
一瞬にして山岳は真二に爆破せられ其被害上下
十数丁に渉り死者百四十五名負傷者百五十一名
家屋埋没倒壊半壊百十八戸に及ぶ大惨事あり
此悲惨なる尊い犠牲者の霊を永久に慰んが為
に生残者一同協力以て本塔を建設す

爆発踏切から消えた山を望む

国道に戻って川沿いに歩くと、老野という地名表記のところで線路が切通しになっているから、ここが二又トンネルのあった場所だろう。さらに先の209メートルの標高点から川へ降りると橋があり、これを渡ってみた。破線の歩道が数軒の小集落へ通じているが、踏切はその道との交差地点にある。

近づいてみると警報機のない第四種踏切で、「ここは日田彦山線　爆発踏切です」の札が掛かっていた。所在地は田川郡添田町大字落合字打ケ瀬1916－6と詳しく、ルビも「バクハツ」と振ってある。続いて「踏切で異常等が発生したときはフリーダイヤル……」

爆発踏切周辺。地理院地図に書き込み（約1：19,800）

とあったが、かの大爆発を超えるような異常事態はおそらく今後も発生することはないだろう。

　錆びたレールを跨ぐ踏切に立って二又トンネル跡地の方を振り返ると、たしかに線路は切通しになっていた。その上に存在した山の大きさを見積もってみても、それが一瞬にして吹き飛んだ光景はなかなか想像できない。線路のすぐ脇には散り始めた梅の木が佇んでいたが、住民は誰も通りかからず、人の気配もない。２軒ほど呼び鈴を鳴らしてみたが不在のようである。空き家も多く、静まり返っていた。それにしても、爆発事故から10年以上経った昭和31（１９５６）年に開通したこの線の踏切に、なぜ爆発の名をつけたのだろうか。

爆発踏切

　犠牲者やその家族に対して、占領軍を擁するアメリカ政府は一銭も賠償することはなく、どこからも支払われる仕組みのなかった当時、遺族たちは途方にくれた。それでも賠償金を得られるよう多くの人の努力があり、法整備もあってようやく昭和38（１９６３）年から給付金の支払いが決まったという。

小倉の宿に帰った翌日に図書館で閲覧した『添田町史』には全犠牲者名が掲載されていた。そこに並ぶ1歳、2歳の乳幼児から10代、20代の若い世代、そして中高年までを含む同じ姓の何人もの名前は、長い戦争がようやく終わり、これから復興というそれぞれの家庭をこの爆発が一挙に破壊したことを教えてくれる。

踏切ができた当時はまだ補償もなく、無念に沈んでいた人たちの思いが、踏切名にあえて異例の「爆発」の名を刻ませたのではないだろうか。惜しむらくは、この踏切にふたたび列車が通る見通しが立っていないことだ。

彦山駅前から次の豊前桝田(ますだ)駅まで4キロ少々歩いてみたが、途中たまたま立ち寄った神社に「殉国之士」と題する銘板があった。日露戦争からの村の戦死者名を掲げたものであるが、日露戦争が1人、日支事変（日中戦争）が2人、これに対して大東亜戦争（太平洋戦争）は26人と桁違いに多い。しかも昭和18年が1人に対して、同19年は10人、同20年は15人と増えていく。年齢を見れば昭和20年初めまでが20代中心であるのに対して、その後は30代、40代が目立って増えてくる。妻子を残しての無念の戦死だろうか。思えばかの大爆発事故も、戦争が長引いたからこその出来事である。

人命がまさに鴻毛(こうもう)の如き扱いを受けた時代であった。

列車の来ない爆発踏切から爆発現場を遠望

Ⅱ　傑作踏切１２３選

かつての店を名乗る記念碑的踏切

近くの店を名乗った踏切は数多いが、もちろんその後廃業したものもあり、中には現代社会にはあまり見かけなくなったものも混じっている。たとえば東北本線では埼玉県最北部に位置する栗橋駅の1・2キロほど南にある**井戸屋踏切**（埼玉県久喜市間鎌(まがま)）。近くに店などは見当たらないが、歴史ある本線だから過去には大々的に井戸掘り専業の店または会社があったのだろうか。

上越線の渋川〜敷島間には**質屋踏切**（群馬県渋川市赤城町宮田）。街道筋だが市街地ではないのでそんな需要があったのかわからないが、借りる人からすれば人通りがあまり多くても困るから絶妙な場所かもしれない。詳しい地図にも質屋さんの記載はないが、今もどこかに健在だろうか。広島県東部を走る福塩(ふくえん)線の駅家〜近田間には**肥料屋踏切**（福山市駅家町大字近田）。荒神社すぐ南側の小さな踏切だが、近所にそれらしき店は見当たらない。

鹿児島本線の一部が移管された肥薩おれんじ鉄道の米(こめ)ノ津駅の袋駅方には**氷会社踏切**（鹿児島県出水(いずみ)市米ノ津町・下鯖町）、出水駅方には**酢会社踏切**（同）がある。いずれも地図では確認できないが、グーグルのストリートビューで確認してみたら、酢会社踏切は「酎会社踏切」となっている。鹿児島県だから本当は焼酎の会社だったのかと思いきや、ルビには「すがいしゃ」とあるので、明らかな誤植だろう。踏切名が資料と現地とで食い違うことは珍しくなく、ひどい場合には線路のこちら側とあちら側で異なることもある。それだけ注目度が低いということだ。

72ページで紹介したパーマ踏切のある飯山線には**コンニャク屋踏切**（長野県飯山市大字照岡）がある。桑名川〜西大滝間の起点38・8キロ付近の第四種踏切で付近には家屋もあるが、ストリートビューでは発見できない。そのうちどれかの家が昔は店をやっていたのだろうか。長野県内では篠ノ井線村井駅の南側、長野自動車道の交差地点すぐ北側には**ノコギリ屋踏切**（塩尻市大字広丘吉田）。塩尻北インターの道路や自動車学校などに囲まれていて店はなさそうだが、ノコギリだけで商売が成り立つ時代もあったのか。岡山県を走る赤穂線邑久（おく）駅の北500メートルほどに**小物屋踏切**（瀬戸内市邑久町山田庄（やまだのしょう））がある。そんな商売があったのかと思って調べれば店ではなくて小字名だった。

昔はこんな施設がありました

秋田県といえばかつては鉱山王国で、秋田大学には有名な鉱山学部があった（現在は国際資源学部)。花輪線の鹿角花輪駅のすぐ南側にはその名も**尾去沢鉱業踏切**(鹿角市花輪)。西側の山には古くから銅山として知られた尾去沢鉱山があり、長らく南部藩が支配したため秋田県ながら羽後国ではなく陸中国である。

磐越西線には東新津〜新津間に**石付製油踏切**。今はなき新津油田のまっただ中であり、いかにもかつての油田地帯のモニュメント的な踏切だ。石油といえば奥羽本線の秋田貨物駅の少し西側、草生津川を渡る約500メートル手前には**帝石踏切**(秋田市外旭川)がある。草生津川は臭水すなわち石油に由来し、まさに油田のまん中である。ちなみに奥羽本線が渡るのは久僧津川橋梁と字が異なる。かつては田んぼの中に油井の櫓が林立していた場所だが、今でも国際石油開発帝石(旧帝国石油)によって石油採掘が続けられており、コックリコックリと頭を動かす大きな玩具の馬のような機械が宅地の中で動いているのは不思議な光景だ。

青森県の津軽半島はヒバ材の産地で、かつては網の目のように森林鉄道が半島内に敷かれていた。津軽線の奥内駅すぐ北側にある**奥内土場踏切**(青森市大字清水字浜元)。さらに先の蟹田駅の南側には**蟹田土場踏切**(外ヶ浜町字蟹田)。土場とは伐り出して集められた木材を種類別に分類するなどして置いておく場所で、両者ともにかつては森林鉄道の線路がここに乗り入れており、土場があった。

大きな工場であっても経済環境の変化などに従って移転を余儀なくされる施設は珍しくない。たとえば国際貿易港・横浜の代表的な産業であった造船業。東海道貨物線の高島貨物駅〜桜木町間には**三菱ドック踏切**（横浜市西区桜木町）がある。現在では再開発されて「みなとみらい地区」となっているが、ここには明治22（1889）年に設立された横浜船渠の造船所があり、昭和10（1935）年には三菱重工業横浜船渠となった。昭和58（1983）年には市内の本牧・金沢地区に移転し、跡地の再開発で今ではショッピングモールや美術館などに変貌している。

中央本線の八王子〜西八王子間には住宅地の中に**裁判所踏切**。東京地方裁判所八王子支部であるが、とっくの昔に京王八王子駅の近くの明神町へ移転、平成21（2009）年にはさらに立川へ移転、現在は立川支部となっている。調べてみると八王子支部は明治30（1897）年の八王子大火の後、同42年に中心部の横山町から台町へ移転した。京王八王子駅に近い明神町へ再移転したのは昭和34（1959）年のことだ。台町の旧裁判所跡地は踏切を南下した突き当たりの都立八王子特別支援学校である。私にとってはこの「記念碑的踏切」が踏切探訪のきっかけになったような気がする。

病院と学校の踏切

鳥羽線の終点・鳥羽駅の約1・9キロ手前には、明治期に創立された鳥羽商船高等専門学校が山側にある。正門へ向かう道は線路から見れば国道の向こう側だが、反対側に向かう道にあるのが**避病院前踏切**（鳥羽市堅神町）。避病院は伝染病専門病院のことで、かつては「死病」として怖れられたコレラや赤痢、結核に罹った患者が入った病院であるが、現在このあたりに該当しそうな病院はない。

同じく病院関係では大阪府寝屋川市の片町線（学研都市線）の寝屋川公園〜星田間には大阪病院の前に**血清前踏切**（寝屋川市大谷町）がある。同病院は大阪府結核予防会の運営で、結核を判定するため血清を検査することから命名されたのだろうか。同会は戦前の設立で、ここに前身の療養所が開設されたのは昭和29（1954）年だから踏切の命名はそれ以降だろう。

東京都の西多摩地区を走る五日市線は武蔵引田(ひきだ)駅のすぐ西側に**病院前踏切**（あきる野市引田）。該当する公立阿伎留(あきる)医療センターは大正13（1924）年に建設された伝染病院がルーツの「老舗」で、同14年に開通した五日市鉄道（現五日市線）には翌15年に病院前駅が設置された。病院へ行くなら駅の東側の道を北上するはずが、道が通じていない西側にその名の踏切があるのは、旧駅名を採用したためかもしれない。

学校名を名乗る駅名のうち、旧校名をかたくなに守っている駅名としては西武新宿線の都立家政駅や東急東横線の都立大学駅が知られているが（都立大学の名は令和2年に復活する予定）、これらはあくまで例外的な事例だ。

ところが注目度が駅名よりはるかに低い踏切名には昔の校名が目立つ。たとえば阪急京都線の十三（じゅうそう）駅からカーブしたすぐ先には**女子職踏切道**（大阪市淀川区十三東）がある。目の前にあるのは英真学園高校で、昭和2（1927）年の創立時は大阪高等女子職業学校であった。同19年には淀川女子商業学校と改称しているから踏切名はおそらく創立時から変わっていないのだろう。

広島県を走る福塩線には戸手～上戸手間に**実業前踏切**（福山市新市（しんいち）町大字戸手）。県立戸手高校など4校の定時制が統廃合で現在は芦品（あしな）まなび学園高校になっているが、大正6（1917）年に芦品郡立蚕業講習所として開業した学校が同9年に芦品郡立広島県実業学校、同12年に戸手実業学校となっているから、踏切はその頃からのものと思われる。

山形県の庄内平野には羽越本線の鶴岡～幕ノ内信号場間に**分教所踏切**（鶴岡市大半田（だいはんだ））

がある。赤川の鉄橋（内川橋梁）を渡って600メートルほどの農村集落と田んぼの中だが、近くに学校はない。『民報藤島』第422号（平成15年11月30日）の記事によれば、羽越本線（当初は陸羽西線の一部）が開通した大正7（1918）年の時点ですでに存在した渡前小学校大半田分教場にちなむもので、「分教所」は誤りという。戦後は大半田分校になったが昭和42（1967）年に閉校、半世紀を過ぎた今は大半田公民館になっている。

モノとコト――普通名詞の踏切

そのものズバリの踏切は珍しくない。東北本線安積永盛駅から800メートルほど南下した**寺踏切**（福島県郡山市安積町笹川）。東北本線に加えて水郡線も並走した3線を渡るもので、その名の通り西へ140メートルほどで天性寺にたどり着くのだが、それほどの巨刹というわけでもない。東京から青森まで約740キロもの長い路線だから沿線に寺は無数にあるだろうに、この命名の根拠は何だろう。

日本最南端を走るJR線として知られる指宿枕崎線には石垣駅の850メートルほど指宿方に**澱粉踏切**（南九州市頴娃町別府）がある。全体が白い粉で覆われた光景を想像してしまうダイレクトさだが、目の前にある株式会社サナスは旧社名を日本澱粉工業と称していた。同社はサツマイモの澱粉製造をルーツとし、鹿児島県産の野菜で漬物も製造している。ここは「食品第二工場・ニチデン漬物の里」。

阪急千里線の関大前駅の南側、大学の正門に面して**花壇踏切**（大阪府吹田市円山町）がある。日本で最も多く改称したと思われる関大前の旧駅名のひとつである花壇前は、前身の北大阪電気鉄道が設けた千里山花壇にちなむ。ちなみに花壇前駅は昭和13（1938）年に千里山遊園と改称、さらに同18年に千里山厚生園、同21年に千里山遊園に復帰してさらに同25年に女子学院前、翌26年には花壇町と目まぐるしく変遷し、同39年に旧大学前駅と統合して現在の関大前駅になった。現在では花壇も住宅地に変わっているので、地味ながら「証人踏切」である。

川越線の笠幡（かさはた）駅から西へ700メートルほどの所には**ゴルフ場踏切**（埼玉県川越市大字笠幡）。日本にゴルフ場は数多いが、ここから約1キロ南にある霞ヶ関カンツリー倶楽部は昭和4（1929）年開場という由緒あるコース。令和2（2020）年の東京オリンピックではゴルフ競技の会場となる大御所だ。川越線が開通したのはゴルフ場より新しい昭和15（1940）年で、ゴルフ場がまだまだ珍しかった時代であるから、固有名詞など不要と判断したのだろうか。

珍しいのが東北本線矢吹駅から北へ2つ目の**三角点踏切**（福島県矢吹町本町・北町ほか）。三角点といえば、位置を測量するための重要な基準点で、山頂ではおなじみの存在だが、平地や丘陵にも多い。地理院地図で探してみると、踏切から北東へ道路距離1・9キロほどの小高い丘上に312・0メートルの数値の記された三角点の記号が見つかった。国土地理院の「点の記」によれば「三神村二等三角点」で、設置されたのは明治33（1900）年9月28日とだいぶ古い。測量の基準点を踏切名に採用したのは全国的にも珍しいのではないだろうか。

香川県高松市の高徳線昭和町駅の少し南側には**野球踏切**（高松市昭和町二丁目）があり、傍らには珍しく由来を記した看板が立てられている。これによれば踏切は大正14（1925）年開業の高徳線に無名の第四種踏切として設置された。それが昭和26（1951）年に警報機が付けられて第三種踏切となり、その際に県立高松商業高校の野球部員たちが西宝町にある練習場までの行き帰りにこの踏切を通ったことにちなんで命名したものと思われる、とのこと。JR四国の社長名で平成15（2003）年に設置された看板だが、「思われる」の表記でわかる通り、命名理由については記録がないらしい。ちなみに学校は踏切から東へ直線距離で約2・5キロあるので遠い。

北海道のオホーツク海側を走る唯一の鉄道として知られる釧網本線には北浜駅から1・3キロほど東、濤沸湖との間の砂州を走るあたりに**漁場踏切**（小清水町字浜小清水）がある。未舗装の道が浜へ通じているのみで、あとは何もない。いかにも道東らしい茫漠たる風景だ。他にも少し東の止別～浜小清水間に固有名詞つきの**松川漁場踏切**（小清水町字浜小清水）がある。こちらも同じく浜へ通じる踏切。

常磐線の日立駅の少し北には**瓦斯会社前踏切**（日立市東町）、次の小木津駅の手前には**電線工場踏切**（日立市日高町）。どちらも固有名詞を冠していないが、前者は東京ガス、後者は日立金属日高工場である。こちらは平成25（2013）年に合併されるまで日立電線で、もとは大正7（1918）年に日立製作所内に建設された電線製造工場（昭和31年に分社）。日立グループはまさに当地の銅山に始まり、その代表的製品が日本の近代化に伴って需要を伸ばした電線だ。工場は昭和33（1958）年の稼働だが、まさに地域の歴史を背負った踏切名ではないだろうか。

軍の名残をとどめる踏切

現役でこんな名前が残っていたかと感激してしまうのが、新潟県上越市の南高田駅すぐ北側の**中田原練兵場踏切**（上越市中通町ほか）。その西側にあった第一三師団の練兵場にちなむ。同師団は大正期にオーストリア＝ハンガリー帝国からレルヒ少佐を招聘したことで知られている。今は「レルヒさん」という上越市のキャラクターで売り出しているが、少佐は日本人に初めてスキーを教えた人物。線路は最近まで信越本線であったが、平成27（2015）年3月から「えちごトキめき鉄道妙高はねうまライン」という、いかにも三セクらしい線名に変わってしまった。同線の新井駅の少し南側には地名に由来する美守踏切が現役なのは嬉しいけれど。

秋田県能代市には五能線向能代駅の約300メートル北側に**飛行場踏切**（能代市落合）がある。もちろん現在は飛行場など存在しないが、戦前は陸軍の東雲飛行場であった。昭和15（1940）年に能代市に合併されるまでは東雲村で、向能代駅も同18年まで羽後東雲と称していた。五能線の東側にはかつて東雲原と呼ばれる草原が広がっており、この「天然の良空港」には大正期に秋田県出身の飛行士がすでに着陸、昭和6（1931）年には東雲原飛行学校も設けられている。

同じく五能線には青森県の鳴沢〜越水間に、その名も**兵舎踏切**（つがる市木造越水長谷川）。市町境のすぐ東側にあり、米軍が昭和23（1948）年に撮影した空中写真によれば踏切の南西約500メートル付近にバラックが建ち並んでいるのがわかる。どのような部隊だったのだろうか。今ははるかに岩木山を望む一面の畑である。軍事演習の際に兵士が宿泊する建物を廠舎（しょうしゃ）と呼ぶが、御殿場線の富士岡〜岩波間には**廠舎踏切**（静岡県御殿場市大坂）がある。昭和11（1936）年に陸軍富士裾野演習場の駒門（こまかど）廠舎ができたので、これにちなむものだろう。現在も当地は陸上自衛隊の駒門駐屯地として継続、踏切は100メートル離れたその正門への道にある。

連合軍第三踏切

　意外に東京にもあって、八高線の東福生（ふっさ）〜箱根ケ崎間の**連合軍第三踏切**（東京都羽村市川崎）。八高線は米軍横田基地を貫いて走っているが、第一二ゲートから100メートル入った先にあるのがこの踏切である。この距離なのでゲートから遠望はできるが、基地内なので一般人は立ち入れず、間近で見られるのは電車内からのみ。ちなみに第一、第二は廃止されて現存しない（第一のみ踏切の痕跡はある）。日本軍が負けたのが「連合軍」だったことを思い知らされる踏切である。

　その横田にほど近い青梅線西立川駅の東側には**航空支庁前踏切**（立川市富士見町一丁目）と**航空支庁西門踏切**（同）があって、かつて飛行場と巨大な工廠を擁した「空都・立川」を思い起こさせる。現在国営昭和記念公園がある線路北側には立川陸軍航空工廠があった。発足は昭和15（1940）年で、それ以前は名古屋陸軍造兵廠の航空発動機部隊だったそうだ。その時に設けられたため「航空支庁」を名乗っているのだろうか。同12年の5万分の1地形図「青梅」では支庁前踏切の北側には「航空支廠」が記され、そこへの入口が門柱記号で描かれている。年代的には独立の前なので名古屋の「支廠」だったのかもしれないが、「支庁」との関係はどうなっているのだろうか。

　日豊本線柳ケ浦駅の西側にはその名も**航空隊踏切**（大分県宇佐市大字江須賀（えすか））がある。現在それらしきものはないが、まっすぐ1キロほど南下すると旧宇佐海軍航空隊の正門門柱が残されており、現在では他の遺構とともに「宇佐空の郷（くうさと）」になっている。正門の所在地はその名も大字江須賀字正門。航空隊の敷地はそこから南西側に広がっていたが、今はほとんどが水田だ。

珍地名を語る踏切

珍しい地名に踏切があればそれを名乗るのが自然で、探せばいくらでもありそうだ。奥羽本線には八郎潟〜鯉川間に**夜叉袋**（やしゃふくろ）**踏切**（秋田県八郎潟町夜叉袋）。旧羽州街道の踏切で、かつては馬場目川が八郎潟に注ぐ河口はこの地にあって港として繁栄したという。踏切西側の字名「蝦夷湊」がそれを物語っている。踏切ではないが、この夜叉袋踏切のすぐ南側にはカワウソ川橋梁。同じく奥羽本線の大館〜白沢間、釈迦内パーキングエリアのすぐ西にあるのが**商人留**（あきひとどめ）**踏切**（大館市釈迦内）。商人留に通じる道であるが、江戸期の地誌『秋田風土記』（淀川盛品、文化12年）によれば文字通り「古く商人の往還する地として、地名の由来をなす」という。

羽越本線の余目（あまるめ）駅の北400メートルほどにあるのが**廿六木**（とどろき）**踏切**（山形県庄内町余目）。廿六木に通じている道であるが難読地名。古く応永年間（1394〜1428）に讃岐国の阿部氏ほか25名（合計26名）が当地の開発にあたったという伝承もあるが、轟、等々力などいくつかの字で表記される水音由来のトドロキ地名ではないだろうか。同じく羽越本線西目駅のすぐ西側には**海士剥**（あまはぎ）**踏切**。その名の集落は2キロほど北に位置する。ナマハゲに似ているが、ハギは崖を意味する地名用語だろう。

御殿場線松田駅の西700メートル先にある**第一庶子踏切**、1・1キロ先の**第二庶子踏切**（いずれも神奈川県松田町松田庶子）が珍しい。駅や町役場の所在地である松田惣領とペアの地名になっている。中世の豪族松田有常が2人の息子に所領を分割する際、本妻の子に与えた方を惣領、妾腹の子が受け継いだのが庶子としたのが由来という。

第二庶子踏切

東海道本線大垣〜関ケ原間の下り線にあるのは**第一昼飯踏切**。「ひるい」と読む。浪速（大阪）から信州の善光寺へ本尊を運ぶ僧侶がここで昼飯をとったから、というベタな地名伝承はあるが真相は不明だ。以前は西濃鉄道の貨物駅で「昼飯駅」もあった。

岡山県を走る津山線には**皿踏切**（津山市皿）。地元の地名であるが、佐良山の駅名は皿川の東に連なる山の総称・佐良山に由来する旧佐良山村にちなんだものである。

皿に食べ物のない日々のようなのが身延線の**飢渇踏切**（静岡県富士宮市中島町ほか）。一般的な意味としては「飢えと渇き」であるが、なんとも壮絶な名前だ。これが地名であるかどうかも不明だが、対照的に富士山の伏流水が多く流れ込む清流の潤井(うるい)川を渡る鉄橋東詰にあるのが不思議である。試しに手元にある5万分の1地形図を一時代ずつ調べてみたら、明治期のものには川名の記載がなく、大正5（1916）年修正のものだけ鉄橋のすぐ北側に「飢渇川」の文字が明記されていた。昭和3年修正では「潤井川」に変わっている。まさに線路が敷設された時期（大正4年）の川の名前だったのである。

よく見ると大正の図でも下流側は現在と同じ潤井川とあるから、多くの川でよくあるように、上流と下流で呼び名が異なったのだろう。上流側はふだん水が少ないというから「飢渇」、これに対して豊富な湧水に支えられて流量の多い下流を「潤井」と対比したのかもしれない。ついでながら鉄橋の西詰近くには由来不詳の**三人踏切**（富士宮市大中里）。

天橋立の東隣に位置する栗田(くんだ)湾に面した栗田駅の北側には**第一上司(じょうし)踏切**（京都府宮津市字上司）がある。上司は戦国時代から記録に残る歴史的地名だが、勤め人にとって上司が複数いるのは鬱陶しそうなので第二上司踏切は確認していない。部長のプレッシャーではないが、紀勢本線には御坊駅のすぐ東側に**重力(しこりき)踏切**（御坊市湯川町富安）がある。ずっしりとGを感じる重力は字名だろうか。

旧地名を保存する踏切

「山手線には踏切が1カ所しかない」とよく言われる。駒込～田端間の**第二中里踏切**がそれだが、厳密にいえばこれは「山手線の電車が走る線路」に限っての話であって、埼京線や湘南新宿ラインの電車が走る山手線の区間には3カ所存在する。このうち代々木駅の少し南側にあるのが**既道踏切**(うまやみち)（渋谷区千駄ヶ谷五丁目）で、昭和7（1932）年に東京市に編入される以前は豊多摩郡千駄ヶ谷町大字千駄ヶ谷の小字既通(おんまやどおり)があった。目黒～恵比寿間には**長者丸踏切**（品川区上大崎二丁目）。昭和42（1967）年に住居表示が実施されるまでは上大崎長者丸という町名で、高級住宅地として知られていたため、現在も長者丸を冠したマンションが目立つ。

住居表示実施前の町名が数多く踏切名となっているのが仙台市で、東北本線の長町～仙台間には**八軒小路踏切**(はちけんこうじ)、**東九番丁踏切**(く)、**東八番丁踏切**、**東七番丁踏切**、仙台～東仙台間には**裏山本丁踏切**(やまもと)、**金剛院丁踏切**がかつての町名を語っている。これら伊達藩以来の城下町の由緒ある町名を大胆に抹消してしまったのは残念だが、せめて踏切に名残を留めているものは大切にしてもらいたい。

滋賀県大津市の京阪石山坂本線には中ノ庄～膳所本町間に**小姓町踏切**と**坊主町踏切**があって、両町とも江戸時代以来の町名だが、これらも残念ながら昭和39（1964）年に膳所一丁目などに変わった。ついでながら同じ区間には**風呂屋前踏切**がある。こちらは旧町名ではないので実在の銭湯だったのかもしれない。

東海道本線（京浜東北線）の鶴見～新子安間にあるのは**生見尾踏切**。今ではほとんど誰も知らないこの地名は、かつての生見尾村の生き残りだ。生麦・鶴見・東寺尾の3村から1字ずつ採った当時流行の合成地名である。無理やり作った地名なので定着しなかったのか、大正10（1921）年には町制施行を機に鶴見町と改称、その時点で消えた。明治の大合併を物語る貴重な遺構とも言える。

阪神間の東海道本線にも旧村を名乗るものがある。さくら夙川～芦屋間には**打出村踏切**がある。大阪～神戸間は西日本で初めて開通した鉄道で、その時点では踏切名の通り兎原郡打出村であった。明治22年の町村制施行以降は精道村大字打出なので、それ以前の設置または命名であることは確実だろう。踏切から南下すれば打出小槌町を経てほどなく阪神の打出駅にたどり着く。同じく東海道本線では甲南山手～摂津本山間に**森村踏切**と**田辺村踏切**。どちらも打出村と同じく明治22年までの村名の「記念碑」である。

道を名乗る踏切

踏切は道との平面交差地点であるから、道の名前がついた踏切はいくらでもある。しかし例によってずいぶん昔の名前が「冷凍保存」されているものも多い。それらの中で珍しいものを探してみよう。数少ない山手（貨物）線の踏切のうち、代々木駅から数えて2つ目にあたるのが**青山街道踏切**（渋谷区千駄ヶ谷四丁目）。だいぶ斜めに渡る踏切で、実際に青山方面へ通じている古い道だが、そんな街道の名は聞いたことがない。ずっと昔はそう呼んでいたのだろう。

都区部の踏切はだいぶ少なくなったが、総武本線の貨物線（通称新金線）には15もの踏切が残っている。このうち京成電鉄との交差地点から650メートル南にある細道が**東京街道踏切**（葛飾区高砂二丁目・細田三丁目）。立派な名前のついた道ながら、南へ進めばすぐ新中川の土手に突き当たって土手道になるだけ。しかし新中川は昭和38（1963）年に完成したので大正15（1926）年開通のこの貨物線より新しい。それまでこの道は屈曲しながらも都心へ向かっていた。同線は単線のくせに4車線の国道6号水戸街道と平面交差する「いい度胸」をしているが、その150メートル北にあるのが**浜街道踏切**（葛飾区新宿（にいじゅく）四丁目）である。幅員わずか4・5メートルだが、かつての水戸街道―浜街道（陸前浜街道）だ。水戸の黄門様の駕籠もここを通ったはずだ。

東海道本線の真鶴（まなづる）駅から北へ500メートルには**有料道路前踏切**（神奈川県足柄下郡真鶴町岩）がある。付近で有料道路といえば真鶴道路だが、岩漁港を跨いでいる現在のではなく、国道135号になっている旧真鶴道路だ（現在は無料）。しばらく東海道本線と並走する区間から脇道へ入る細道に設けられた踏切なので「前」が付いている。旧道は昭和34（1959）年に開通しているから、まだまだ有料道路が珍しかった頃ならではの命名。

青山街道踏切

東北本線宝積寺（ほうしゃくじ）駅から北へ800メートルほど、烏山線が分岐したすぐ先には**大谷（おおや）バス通り踏切**（高根沢町大字宝積寺・中阿久津）。この命名は珍しい。幅員は3・4メートルと狭いが、これでも大谷石で有名な大谷までバスが通っていたのだろうか。バス路線が今もあるとは思えないが、地域の歴史として残してほしい。

畑道踏切と電車

中央本線国立駅の西側には、**西二条踏切**（国立市中一丁目ほか）・**西四条踏切・西五条踏切**があった。惜しくも高架化で消えてしまったが、大正時代に大学町が計画された際に付けられた南北の通り名である。今では国立市民にもほとんど知られていない道路名だから、かつての道路名を物語る貴重な記念碑的踏切であったので、惜しいことをしたものである。

固有名詞の道路名というより、ずいぶんと適当に付けた踏切をいくつか紹介しよう。まずは青梅線の通称「第三線」の立川〜西立川間には**裏通り踏切**（立川市富士見町二丁目）がある。「第三線」はかつて五日市鉄道（現南武線）へ直通させるために中央線を跨ぐ形で建設した連絡線だが、現在では下りの青梅特快などの直通電車の他に横田基地へジェット燃料を運ぶ貨物列車が通る。踏切はその名にふさわしく自動車の通れない細道。ついでながら同じく青梅線の**畑道踏切**（立川市富士見町二丁目）は立川〜西立川間のほぼ中間にあるが、いかにも以前は畑へ行くための道だった風情の細道。幅員はおそらく1メートル台だろう。

安易な踏切は関西にもあって、京阪京津線には御陵〜京阪山科間に**JRトンネル道踏切**（京都市山科区御陵天徳町）。東海道本線のトンネルではなく、その複々線の築堤をくぐる道路トンネルである。それでも大正10（1921）年以来の歴史があり、煉瓦を巻き立てた立派な京阪側の入口は「トンネル」と呼ぶのにふさわしい佇まい。

陸羽東線の大堀駅から東、小国川の支流に架かる白川橋梁を渡った800メートル東には若宮の集落内に**通路踏切**（山形県最上町大字若宮）がある。自動車も通れるごく一般的な道路を横切る踏切であるが、何らかの重要な通路なのだろうか。謎である。宮城県の石巻線には曽波神駅の北約1・1キロにある**草刈道踏切**（石巻市鹿又）もやはり細道だが、こちらは田んぼのまん中。

人名にちなむ踏切

総武本線の南酒々井駅から350メートルほど東、東関東自動車道の手前にあるのが**成田屋前踏切**（千葉県酒々井町馬橋）。場所は成田の南西10キロほどと近いから、歌舞伎の「成田屋！」に関係あるのだろうか。森の中の細道にかかる第一種であるが、それにしてもこんな所にこの命名はなぜだろう。今では店など見当たらないが、熱烈な團十郎ファンが営む店でもあったのか。

最も人名にまつわる踏切が多いと思われるのが越後線。特に新潟県燕(つばめ)市の粟生津(あおうづ)〜南吉田間には、粟生津側から順に**与エ門踏切**(燕市粟生津)、**野右エ門踏切**、**七右エ門踏切**、**吉六踏切**、**藤九郎上踏切**、そして**馬洗場踏切**(馬洗場は小字名に多い)をはさんで**清三踏切**が続いている。場所は越後平野のまん中で、近くを流れる西川は今でこそ小流だが、かつて信濃川の本流だったこともあり、集落はその自然堤防上の微高地に位置している。名前は新田開発の関連だろうか。この線には他にも**甚平踏切**、**作エ門踏切**(以上北吉田〜岩室)、**松太郎踏切**(岩室〜巻)、**源七踏切**、**彦七踏切**、**松四郎踏切**、**五エ門踏切**(以上巻〜越後曽根)、**団九郎踏切**(内野〜新潟大学前)といった具合で目立つ。

秋田県では田沢湖線の神代(じんだい)〜生田(しょうでん)間(仙北市田沢湖)。**弥三郎踏切**、**三之丞踏切**、**五郎八踏切**が続いて異彩を放つ。ずっと西の姫新(きしん)線、岡山県東部の西勝間田〜美作(みまさか)大崎間には**義経踏切**(津山市池ヶ原)。元暦年間(1184〜85)に源範頼と義経が平家方を攻めたときにこの地が陣場となったとされ、踏切から中国自動車道を越して北側の山裾には義経という集落もある。地味ではあるが源平合戦を記念する踏切だ。

山陰本線益田駅のすぐ東側には**雪舟踏切**（島根県益田市駅前町・常盤町）がある。「足の指で鼠を描いた」というエピソードをもつ画聖であるが、晩年はここ石見国益田に住んだ。この踏切を南へたどればすぐ益田市役所だが、北へ行けば一本道ではないが雪舟橋を経て「雪舟の郷記念館」にたどり着く。

仕事・学校とその他いろいろな踏切

羽越本線で秋田のひとつ手前の羽後牛島駅から秋田方に約1・1キロの地点にあるのが**土取場踏切**（秋田市楢山金照町ほか）。秋田スリバチ学会の栁山さんに教えてもらった。東側には擁壁で固められた崖が聳えているが、そこが文字通り土を取る場所であったという。地元の方による「二〇世紀ひみつ基地」というブログによれば、踏切の東側に位置する金照寺山から粘土質の土が盛んに採取され、建築の基礎や土間の三和土、陶芸用の陶土として使われた。戦時中には防空壕も掘られたそうだが、今は擁壁で覆われている。

紀勢本線の朝来駅から白浜駅へ向かって約1・7キロ地点には**郵便橋踏切**（和歌山県上富田町岩崎）。その名の通り国道42号が富田川を渡る郵便橋の約400メートルほど上流側に設けられている。明治期にはここが重要な郵便ルートの中継地で、「郵便最優先」であった富田川の渡船場付近にあとで架橋された際に郵便橋の名がついたという。県内でも幹線道路の橋として歴史が長いため一帯が通称地名化したようで、西詰には郵便橋バス停、郵便橋交差点もある。踏切名もそれにならったのかもしれない。

日光線の文挟駅の北1・5キロほどの場所にあるのは**落合学童踏切**（日光市小代・板橋）。学童といえば小学生を連想するが、最寄りの学校は戦後にできた新制の落合中学校（東武日光線下小代駅前）のみ。昭和21（1946）年の空中写真には学校も道路も写っていないから、いずれにせよ踏切は戦後の新設らしい。学校へ近道できるようにとの親心によるものだろうか。今ではどんな理由があれ、踏切を新設することは原則としてできない。今でこそ幅広の踏切だが、昭和40年代の地形図ではだいぶ狭かった。

ついでながら、同じく日光線の下野大沢駅から今市方へ1・5キロほどの森の中には**貸切踏切**（日光市土沢）がある。踏切を貸切ってどうするのかわからないが、この細道を森に入ると何かわかるかもしれない。ストリートビューには「この先　史跡二宮林」の看板が森の奥を指している。二宮尊徳が植えたヒノキ林が見事に成長しているそうで、貸切もこれと関係があるだろうか。

三重県四日市市には関西本線の**第一天然踏切**（四日市市午起二丁目）。富田浜〜四日市

間、海蔵川と三滝川のちょうどまん中あたりの工場が目立つ地域だが、周囲に天然のつくような会社はない。第一とあるからには、かつて第二もあり、そうであれば大規模な工場だったかもしれない。天然ガスの関係だろうか。

京阪京津線には**府県境界踏切**（滋賀県大津市横木二丁目）がある。四宮〜追分間の文字通り府県境界、京都市山科区と大津市の境界であるが、家並みの中にあるので府県境は実感しにくい。踏切は境界のすぐ東側で、かなり詳しい地図にも描かれていないほどの細道に設けられているが、それでも警報機と遮断機がついたレッキとした第一種踏切である。

どうにもわからない謎の踏切

常磐線の泉〜湯本間にはその名も**大踏切**（いわき市泉町滝尻）。福島臨海鉄道を跨ぐ手前にあるが、名前に反して幅員は自動車が通れない徒歩専用である。地名からも大を連想させるものは何もなく、まったく謎の踏切だ。そういえば東京都日野市内の中央本線にも浅川橋梁の東270メートルほどにある**平山大踏切**（日野市西平山五丁目）も幅員は3・4メートルで、自動車どうしのすれ違いはやめた方がいいレベル。

話題がランダムで恐縮だが、奥羽本線の横堀から2・1キロほど北東（三関寄り）の田んぼのまん中には**御返事踏切**（秋田県湯沢市小野飯塚・桑崎）。「おへんじ」かと思えば、まさかの「おっぺち」という。踏切から南東1・2キロの山裾には御返事集落（湯沢市桑崎字御返事）。湯沢市の小野といえば小野小町の生誕・終焉の地だそうで、横堀駅と踏切の間には小野塚、小町の郷公園がある。小町に想いを寄せる深草少将が恋文の返事を待ち続けた伝承もあるというが、漢字に引きずられた印象だ。オッペチの発音はどこかアイヌ語を思わせるが、どうだろうか。

福島県の磐越西線（ばんえつさい）、猪苗代湖にほど近い上戸（じょうこ）駅から940メートル東へ行った田んぼの中には**めがね踏切**（猪苗代町大字山潟）。ネットで検索すると山を背景に水田の中を走る列車の動画がいくつかアップされている景色の良いところだが、踏切付近の小字名は蟹沢前または古屋敷で該当するものが見当たらない。用水に眼鏡橋でも架かっているのだろうか。現地へ行って確かめてみたいものだ。

やはり鉄道写真の撮影名所らしいのが栃木県の烏山線**鬼ころし踏切**（那須烏山市宇井）。車1台なんとか通れる細道で、すぐ隣に那須工業という会社の工場があるので調べてみたら、同社の事業内容は「アルミダイカスト及び精密機械加工」だそうで、鬼などの入り込む余地はなさそうだ。この名称を聞けば紙パックの清酒を思い出すが、「鬼ころし」ブランドの酒を造っているのは清洲桜醸造（愛知県清須市）、老田(おいた)酒造店（岐阜県高山市）、北雪(ほくせつ)酒造（新潟県佐渡市）、國稀(くにまれ)酒造（北海道増毛(ましけ)町）、北川本家（京都市伏見区）といくつもあることを知った。いずれにせよ謎めいている。

鬼といえば岡山県を走る吉備線（桃太郎線）には足守〜服部間に**血吸川西踏切**がある。桃太郎伝説の「鬼」の住む鬼城(きのじょうさん)山から流れて来る川だけに、それなりの由緒がありそうだ。桃太郎といえば、香川県も「こちらが桃太郎の本家」を主張しているが、鬼がらみの鬼無(きなし)駅（鬼無桃太郎と副称あり）から500メートルほど高松方へ進むと**桃太郎踏切**がある。所在地は鬼無町藤井だが、架線への接触防止ゲートのまん中に「桃から生まれた桃太郎」の像が取り付けてあり、町おこし的に最近になって改称したのかもしれない。すぐ北側にある高松貨物ターミナル駅も愛称は「四国桃太郎貨物駅」だから、一層その疑いが濃い。

東北本線白岡駅の1・2キロほど南には**論証踏切**（埼玉県蓮田市大字南新宿・白岡市小久喜(こぐき)）。蓮田・白岡両市の境界にあたる。南新宿と小久喜に「論証」の小字は見当たらないが、地名ではないことを論証するのは難しい。小久喜はかつて「古久鬼」と表記したらしい。

鬼ではないが、岡山県の津山線小原駅（線内最高地点）の北600メートルほどの農村集落前には**鏡屋敷踏切**（美咲町小原）がある。おそらく旧地名なのだろう。全面的に鏡張りになった妙な建物を思い浮かべてしまうが、実態やいかに。

最後に青森県は津軽半島を走る津軽鉄道には金木駅から北へ700メートルほどの池の畔に**賽の河原踏切**（五所川原市金木町芦野）がある。旧金木町といえば太宰治ゆかりの地で「斜陽館」も駅の近くだ。それにしてもドキリとさせられるこの踏切を1・1キロほど北上すると川倉賽の河原地蔵尊にたどり着く。ここでは旧暦6月の例大祭で死者の霊を呼び出すイタコの口寄せが行われているとのこと。

〈番外編〉東西南北端の踏切、最高所の踏切

日本最北端の駅といえば宗谷本線稚内駅の少し南側にある**大通り踏切**。フェリーターミナルに近く、幅員も12メートルほどの立派な道路である。最東端は根室本線東根室駅から南へ1・3キロほど行った**寺嶋木工場踏切**。名前の由来は一目瞭然で、すぐ隣に寺島木材建設（島の字が踏切とは違う）がある。社長は最東端を認識されているだろうか。

最西端の踏切は松浦鉄道たびら平戸口（旧国鉄松浦線平戸口）駅からカーブしながら西

へ進んで2つ目の**永田踏切**。東経129度43分だから駅より西だ。最南端はJR指宿枕崎線西大山駅のすぐ西側にある**西大山踏切**。北緯31度11分25秒。

日本最高所の踏切はかなり有名かもしれない。JR小海線の清里〜野辺山間にあり、JRでは日本最高所の駅である野辺山駅（標高1345・67メートル）の約2・3キロ南西の佐久甲州街道にかかる**第三甲州街道踏切**で、同時にここがJRにおける日本最高地点（標高1375・3メートル）となっている。最低所の踏切は地上駅では最低所にある関西本線弥富（やとみ）駅（愛知県弥富市）の付近だろうか。試しに「地理院地図」で一帯の踏切を片っ端から測ってみたら、関西本線の永和（えいわ）〜弥富間で渡る善太（ぜんた）川の西約430メートルの**津島街道踏切**がマイナス1・8メートルで最低だった。近鉄名古屋線もマイナスが集中しているが、こちらを下回るものは見当たらない。

あとがき

数年にわたって全国の珍しい名前をもつ踏切を訪ねた。現地の人はその名前を知らず、おおむね無関心である。そんなのを調べて何になるんだ、ということだ。どっちみち注目されないのだから、踏切を設置した時に旧国鉄なら鉄道管理局の施設担当者などが、注目度の高い駅名などと違って、現地の地名をテキトーに当てはめていく作業を坦々と続けていったのではないだろうか。ふさわしい地名が足りなければ学校名などを採用する。何もない細道なら「畑道」とでも付けておくか、と。

さて、踏切の名前はあまり変わらない。地名や学校名が変わっても滅多に変えないし、呼ばれなくなった街道名もそのままだ。とっくの昔に移転した建物を平気で名乗り続けているし、練兵場などという旧日本軍の亡霊のような踏切がちゃんと生きていたりする。なぜ変えないかといえば、現地の踏切に掲げられた看板をわざわざ塗り直したり、プラスチ

長野電鉄の「弘法さん踏切」。小布施の名物となった栗は弘法大師が来訪した時に３つの栗を蒔いたのが最初という。小布施駅西方の弘法堂すぐ脇の踏切がこれ。親しみを込めた「さん付け」が優しい

ックの表示板を新たに発注する手間とカネをかけたりしても、誰も得をしないからだ。逆に昔の名前を掲げ続けていても困る人はいない。

その結果、その地域にかつて存在した地名、施設、道路などが巧まずして保存されることになる。中央線の武蔵境駅の近くに存在した「五宿(ごしゅく)踏切」などは私が感激した初期の存在だ。これは数キロ南に位置する調布が、かつて布田(ふだ)五宿と呼ばれていた名残である。国領、下布田、上布田、下石原、上石原の5つの小さな宿場が6日ずつ宿場の仕事をローテーションで受け持った江戸時代の呼び名だ。この踏切はその五宿へ通じる細道にかかっている。そんな「記念碑」のような踏切はいくらでもあるのだが、御影石に麗々しく刻まれた本物の記念碑に見

られるような大上段な構えはなく、さり気なく名乗るばかり。だからこそ、その名前に惹かれるのかもしれない。

その五宿踏切も中央線の連続立体交差事業で高架橋に代わり、呆気なく消えてしまった。由緒ある名前が記されていた踏切の標示板も、おそらく他のいろいろな木やプラスチックと同様に産業廃棄物として処分されてしまったのだろう。高架化が迫っても誰が保存運動を立ち上げるわけでもなければ、廃止される路線や最後の列車に群がる人たちから「ありがとーっ！」なんて感謝の叫びをもらうこともなかった。

そもそも踏切は歓迎されざる存在であるのだが、それでも仕事だから毎日毎日、雨の日も風の日も、一番電車から終電まで、場合によっては丑三つ時でもカンカンと警鐘を鳴らして安全を守る。ところが彼らは名前すら認識されず、せいぜい待つ人たちからイライラした視線を注がれるくらいがせいぜい。そしていよいよお役目が終わればハイさよなら、と撤去されるのだ。沿線の住民が口にするのは「踏切がなくなって良かったですねえ」という感想である。

さて、これだけの踏切名をどうやって知ったかであるが、ＪＲ東日本エリアに関しては私が監修した『JR東日本全線【決定版】鉄道地図帳』(学研パブリッシング、平成22年)の線路縦断面図で網羅されている。その他については路線別の公開された踏切リストはないので、いろいろな伝手で入手した資料(鉄道会社の線路縦断面図、線路略図など)に加えて、国交省や各県の警察本部などがまとめた「要対策踏切」。つまり困った存在としてのブラックリストである。それから各鉄道路線の踏切をひとつずつ写真を撮ってインターネットにアップした奇特な方のサイト、ネット連載時にいただいた読者の方からの情報など、可能な限りいろいろなものを参照した。ゼンリンの住宅地図にも実は踏切名が載っているものがあり、これも役に立つ。それらの踏切を実際に調べる際には、グーグルのストリートビューがとても重宝だった(家の表札と勘違いしたか、ボカシ入りのも多かったが)。

本書で紹介した踏切がいつまでも健在であってほしいのは私の勝手な本音であるが、「迷惑施設」の永続は沿線住民の意に反することだろうから、踏切存続運動なんて間違っても起こすわけにはいかない。ついては、少なくとも読者諸賢にお願いしたいのは、踏切に接する際にはくれぐれも安全第一を心がけてほしいことだ。もしクルマで踏切を渡るなら、教習所で教わった通りに窓を開けて左右の安全を確認するのを忘れずに。これは踏切への挨拶でもある。

踏切名を扱う妙な連載を最も理解してくれたのが朝日新聞出版の大坂温子さんだ。長野県のパーマ踏切（飯山線）では二つ返事で現地取材にさえ赴き、毎回とても面白がってくれたので珍名踏切の候補を探すのにも励みになった。とても感謝している。

今尾恵介 いまお・けいすけ
1959年神奈川県生まれ。地図研究家。踏切名称マニア。一般財団法人日本地図センター客員研究員、日本地図学会「地図と地名」専門部会主査。明治大学文学部中退。音楽出版社勤務を経て、1991年より執筆業を開始。地図や地形図の著作を主に手がけるほか、地名や鉄道にも造詣が深い。主な著書に、『地図帳の深読み』(帝国書院)などがある。

朝日新書
747

ゆかいな珍名踏切(ちんめいふみきり)

2020年1月30日第1刷発行

著者 今尾恵介

発行者 三宮博信
カバーデザイン アンスガー・フォルマー 田嶋佳子
印刷所 凸版印刷株式会社
発行所 朝日新聞出版
〒104-8011 東京都中央区築地5-3-2
電話 03-5541-8832(編集)
03-5540-7793(販売)

Published in Japan by Asahi Shimbun Publications Inc.
ISBN 978-4-02-295048-2
定価はカバーに表示してあります。

落丁・乱丁の場合は弊社業務部(電話03-5540-7800)へご連絡ください。
送料弊社負担にてお取り替えいたします。

朝日新書

安倍晋三と社会主義
アベノミクスは日本に何をもたらしたか

鯨岡 仁

異次元の金融緩和、賃上げ要請、コンビニの二四時間営業まで、民間に介入する安倍政権の経済政策は「社会主義」的だ。その経済思想を、満州国の計画経済を主導し、社会主義者と親交があった岸信介からの歴史文脈で読み解き、安倍以後の日本経済の未来を予測する。

資産寿命
人生100年時代の「お金の長寿術」

大江英樹

年金不安に負けない、資産を〝長生き〟させる方法を伝授。老後のお金は、まずは現状診断・収支把握・寿命予測をおこない、その上で、自分に合った延命法を実践することが大切。証券マンとして40年近く勤めた著者が、豊富な実例を交えて解説する。

かんぽ崩壊

朝日新聞経済部

朝日新聞で話題沸騰！「かんぽ生命 不適切販売」の一連の報道を書籍化。高齢客をゆるキャラ呼ばわり、偽造、恫喝……驚愕の販売手法はなぜ蔓延したのか。過剰なノルマ、自爆営業に押しつぶされる郵便局員の実態に迫り、崩壊寸前の「郵政」の今に切り込む。

ゆかいな珍名踏切

今尾恵介

踏切には名前がある。それも実に適当に名づけられている。「畑道踏切」と安易なヤツもあれば「勝負踏切」「天皇様踏切」「パーマ踏切」「爆発踏切」などの謎めいたモノも。踏切の名称に惹かれて何十年の、「踏切名称マニア」が現地を訪れ、その由来を解き明かす。